暖爱

丁立梅 著

西苑出版社

中国·北京

图书在版编目（CIP）数据

暖爱 / 丁立梅著. -- 北京：西苑出版社有限公司，2025.2. -- ISBN 978-7-5151-0923-7

Ⅰ. B821-49

中国国家版本馆CIP数据核字第202480ZR34号

暖 爱
NUAN AI

作　　者	丁立梅
项目统筹	许　姗　汪昊宇　肖毓鑫
责任编辑	汪昊宇
责任校对	方宇荣
责任印制	李仕杰
开　　本	680毫米×940毫米　1/16
印　　张	15.25
字　　数	211千字
版　　次	2025年2月第1版
印　　次	2025年2月第1次印刷
印　　刷	小森印刷（北京）有限公司
书　　号	ISBN 978-7-5151-0923-7
定　　价	39.80元

出版发行	**西苑出版社有限公司**
	北京市朝阳区利泽东二路3号　邮编：100102
发 行 部	(010) 84254364
编 辑 部	(010) 64214534
总 编 室	(010) 88636419
电子邮箱	xiyuanpub@163.com
法律顾问	北京植德律师事务所　17600603461

序言 暖爱

"暖"是个极温柔的字,舌头轻轻翘起,从唇齿间,呵气样的,轻轻吐出,它便落地生花。朵朵纯美,阳光琳琅。

寒冷的冬夜,你扑进家门,有一碗热茶等着你,那是暖;漫长荒寂的路上,有人与你同行,那是暖;悲伤失意时,尚有父母的怀抱,为你无条件敞开着,那是暖;生病独自在家,一个人正暗自神伤,久违的朋友问候的信息突至,他笑着问你,你还好吗?只这一句,就让你寒寂的心温暖起来。这世上,到底还是有人牵挂着你的,多么好。

那日晚归,清冷的街头,我遇到一对年轻人。他们许是刚下夜班归来,被街头烤红薯的香味牵了去,两个人就着烤红薯的炉子,分吃起一只滚烫的烤红薯来。女孩不停交换着捧红薯的手,咯咯笑着,一迭声道,好烫。低头咬一口,赶紧递到男孩嘴边,让他也咬一口。他们就这样,在昏黄的路灯下,快乐地吃着,像吃着什么山珍海味。辛苦点算什么,贫穷点又有什么关系?只要有爱在,一只烤红薯,也能让他们的人生,遍生暖意。

雁荡山上,遇到一中年男人,背着瘫痪的母亲来看山。上山的路难走，他走得气喘吁吁汗水涔涔，然脸上的表情，却是异常快活的。他背上的母亲，也是异常快活的。母亲不停地伸手指着这里那里，如孩子一般惊奇地叫，啊，小松鼠啊，跑得可真快。啊，那棵树真粗啊，它是棵什么树呢？啊，看哪，那座山峰像只小猴子嘛。

看风景的人，把他们当风景看了，看着看着，眼睛就蒙上一层雾了。大家觉得，山川再美，也不及他们美。这个母亲是幸福的。这个儿子是幸福的。

也在人群中，偶遇过一个微笑，一声亲切的话语，呀，你的东西掉了。低头，赶忙捡拾起地上的东西。等直起身来，正准备说声谢谢，却不见了说话的人，他早已淹没到人群中去了。那份来自陌生的善良，什么时候想起来，心里都会暖上一暖，这个世界因此而更添一份美好。

人世间，因爱而生暖。因暖而生美好。因美好而生眷恋。因眷恋，才有了生生不息。

目 录

第一辑 最美的语言

母亲的心 ...002

最美的语言 ...004

吊在井桶里的苹果 ...007

爱到无力 ...010

如果可以这样爱你 ...013

天堂有棵枇杷树 ...016

那些疼我的人 ...018

爱的源头 ...021

娘 亲 ...023

母亲的生日 ...027

手心里的温暖 ...029

母亲的快乐 ...033

和父亲合影 ...035

大 姑 ...038

有一种爱，叫血缘 ...042

母爱不说话 ...045

父亲的菜园子 ...048

爱，是等不得的 ...050

人生赢家 ...053

第二辑 格桑花开的那一天

红木梳妆台 ...056

如果蚕豆会说话 ...060

黑白世界里的纯情时光 ...064

我在戏里面与你相会 ...067

咫尺天涯，木偶不说话 ...070

格桑花开的那一天 ...075

花样年华 ...079

你在，就心安 ...082

我用我的明媚等着你 ...084

桃花芳菲时 ...086

有一种爱，叫相依为命 ...089

一条棉布手绢 ...091

华丽转身 ...094

相守 ...096

我爱你，我甘愿 ...098

俗世里的地老天荒 ...100

我是你男人 ...102

第三辑 我们曾在青春的路上相逢

青花瓷 …106

我们曾在青春的路上相逢 …109

桃花流水窅然去 …112

栀子花,白花瓣 …116

青春底版上开过玉兰花 …120

小武的刺青 …123

青春不留白 …127

我曾如此纯美地开过花 …130

一朵栀子花 …132

一树一树梨花开 …134

你并不是个坏孩子 …136

花盆里的风信子 …138

粉红色的信笺 …140

第四辑 天上有云姓白

天上有云姓白 …144

每一棵草都会开花 …146

眼泪的力量 …148

穿旗袍的女人 …150

一把紫砂壶 …152

口红 …154

萝卜花 …156

放风筝 …158

我认识的那些人 …160

小艾 …163

房医生 …166

修车人 …169

感激一杯温开水 …172

iii

第五辑 一窗清响

一窗清响 …176

风景这边独好 …178

我们曾拥有怎样的幸福 …180

要相爱，请在当下 …182

鲜花无罪 …184

岁月这个神偷 …186

正月半，炸麻团 …188

种爱 …190

这世上，有我享不尽的良辰美景 …193

每一颗种子，都曾有花开的繁华 …195

让每个日子都看见欢喜 …197

攒钱买骆驼 …199

第六辑 好时光

好时光 …202

低到尘埃的美好 …205

我的理想生活 …208

喓喓草虫 …210

生活的迷人之处 …212

老家的小河 …214

那些温暖的…… …216

生命的神奇 …218

阳光，阳光 …221

冬 趣 …223

捡得一颗欢喜心 …226

雪粉华，舞梨花 …229

走在星空下 …231

第一辑
最美的语言

我一手搂一个,叫一声爸,再叫一声妈。这世上最美的语言,我怕是叫一声少一声了。但眼下我还能叫着,我很感激了。

母亲的心

那不过是一堆自家晒的霉干菜，自家风干的香肠，还有地里长的花生和蚕豆，晒干的萝卜丝和红薯片……

她努力把这些东西搬放到邮局柜台上，一边小心翼翼地询问："请问，寄这些到国外，要几天才能收到？"

这是六月天，外面太阳炎炎，听得见暑气在空气中"嗞嗞"开拆的声音。她一定赶了不少路，额上的皱纹里，渗着密密的汗珠，黝黑的皮肤，泛出一层红来。像新翻开的泥土，质朴着。

这天，到邮局办事的人，特别多。寄快件的，寄包裹的，寄挂号的，一片繁忙。她的问话，很快淹没在一片嘈杂里。她并不气馁，过一会儿便小心地问上一句："请问，寄这些到国外，要多少天才能收到？"

当她得知最快的是航空邮寄，三五天就能收到，但邮寄费很贵。她站着想了会儿，而后决定，航空邮寄。有好心的人，看看她寄的东西，说："你划不来的，你寄的这些东西，不值钱，你的邮费，能买好几大堆这样的东西呢。"

她冲说话的人笑，说："我儿在国外，想吃呢。"

却被告知，花生、蚕豆之类的食物，不可以国际邮寄。她当即愣在那儿，手足无措。她先是请求邮局的工作人员通融一下。"就寄这一回，好不？"她说。邮局的工作人员跟她解释："不是我们不通融啊，是有规定啊，国际包裹中，这些属违禁品。"

她"哦"了声，一下子没了主张，站在那儿，眼望着她那堆土产品出神，低声喃喃："我儿喜欢吃呢，这可怎么办？"

有人建议她，给他寄钱去，让他买别的东西吃。又或者，你儿那边也有花生、蚕豆卖呢。

她笑笑，摇头。突然想起什么来，问邮局的工作人员："花生糖可以寄吗？"里边答："这个倒可以，只要包装好了。"她兴奋起来："那么，五香蚕豆也可以寄了？我会包装得好好的，不会坏掉的。"里边的人显然没碰到过寄五香蚕豆的，他们想一想，模糊着答："真空包装的，可以罢。"

这样的答复，很是鼓舞她，她连声说谢谢，仿佛别人帮了她很大的忙。她把摊在柜台上的东西，一一收拾好，重新装到蛇皮袋里，背在肩上。她有些歉疚地冲柜台里的人点点头："麻烦你们了，我今天不寄了，等我回家做好花生糖和五香蚕豆，明天再来寄。"

她走了，笑着。烈日照在她身上，蛇皮袋扛在她肩上。大街上，人来人往，没有人会留意到，那儿，正走着一个普通的母亲，她用肩扛着，一颗做母亲的心。

最美的语言

回了趟老家。

这次回老家，我没像往常一样，预先给我爸我妈发布通知。我爸我妈毫无准备，他们真实的日常，便真实地袒露在我跟前。

上午十点钟的光景。村庄安静得像一座空城，轻微的风吹，也能听得见回响。地里的麦子熟了，有些已收割，有些还没收割。大地缄默不语。

有小白狗不识我，远远冲我吠，扯着喉咙跳上跳下，兴奋得不得了。村庄里来的陌生人也少，它一定当我是陌生人了。我苦笑，我何尝不是一个陌生人？

爸妈没有应声走出来。家门半掩着，门前的场地上，晾晒着麦子。场地边上，是我前年种下的花，两三年的工夫，它们已蔓延成一大片了。是些大丽花、波斯菊，还有小野菊，它们正颜色绚烂，热情高涨地开着。

花丛中没见到一根杂草，说明我妈肯定给它们除过草了。我关照过她的，一定要养好我的花。我妈记着了。

打我爸电话。我爸正在村部卫生所输液，他身体有炎症，又查出身体内长了个肌瘤。

村部挪了地方。我向一个人打听怎么走，那人很热心地把我送出好远。

村部大院子里没见到一个人。卫生所的一间屋子里，人却满满的，都是些老人，都在输液，我爸在其中。看见我，他很激动，别的老人都没有儿女去看望的，只他有。

他一个劲地傻笑，嘴里重复地说的只有一句，乖乖呀，乖乖呀。儿女是他最好的药，能止他一时的痛，让他忘了疾病。

妈原来在家，在蚕房里忙着。妈很像一片草叶子了，缩在哪个角落里，很容易被人遗忘掉。我责怪妈，不是让你不要再养蚕的么！

妈很委屈，她说，我家的桑叶长得那么好，那么好。妈的逻辑是，既然长得那么好，不养蚕就对不起桑叶了。

妈又喃喃，家里的活计我不做，谁做？你爸又不能做。他得了这个倒霉的病，总是尿裤子，一天到晚我要帮他洗十几条裤子。

爸听见妈的话，很抱歉地笑，沮丧地跟我说，我有时都觉得没活头了。

我安慰他，爸，咱活着一天就赚了一天。你虽有病，可比起那些中风躺在床上不能动的人，不是好很多了吗？

爸点点头，说，是啊，我还能吃还能睡，还能走还能动的。

咱有病就治病，积极地去应对，万事不要怕，有我呢，我会帮你安排得好好的。我继续宽慰我爸，并塞给他一些钱。

妈这时跑过来告状，说上次爸说带她上街玩，结果去逛了一天，什么也没舍得买，吃饭是买的盒饭，就蹲在冷风口吃下去了。妈本是笑着说的，说着说着，就抹起眼泪。妈的眼泪，近年来特别多。

爸只好干笑，说，你这人，你这人，也是你同意买盒饭的，那天我们不也吃得挺饱吗？

我实在不知说他们什么才好。想到风里头，两个老人蹲在一起吃盒饭，我鼻子就发酸。

爸手头也不是没有钱。我姐说，他存着好几万呢。但爸一辈子穷怕了，节俭得近乎吝啬，近乎抠。

爸有他的理由，万一呢，万一出个什么事要用钱呢，到时没钱，那不是让子女受累了？

爸是在为他和我妈的后事做准备，我心里明白，我只不说，假装天还长着，地还久着，岁月还未老。

我拉他们一起站在门前的花旁拍照，我妈为此特地换了身新衣裳，笑得像个小女生。我爸也很认真地把翘起来的衣角理平，又换一顶新帽子戴头上。

我一手搂一个，叫一声爸，再叫一声妈。这世上最美的语言，我怕是叫一声少一声了。但眼下我还能叫着，我很感激了。

吊在井桶里的苹果

有一句话讲，女儿是父亲前世的情人。说的是做女儿的，特别亲父亲，而做父亲的，特别疼女儿。那讲的应该是女儿家小时候的事。

我小时，也亲父亲。不但亲，还瞎崇拜。把父亲当举世无双的英雄一样崇拜着。那个时候的口头禅是，我爸怎样怎样。因拥有了那个爸，就很了不得似的。

母亲还曾嫉妒过我对父亲的那种亲。一日，下雨，一家人都在家，父亲在修整二胡，母亲在纳鞋底，我和弟弟在一旁玩。父亲和母亲有一搭没一搭地说着话，说着说着，就说到我们长大后的事。母亲问，长大了你有钱了买好东西给谁吃？我不假思索脱口而出，给爸吃。母亲纳鞋底的手，就停了一停，她充满希望地接着问，那妈妈呢？我指着小弟弟对母亲说，让他给你买去。哪知小弟弟是跟着我走的，也嚷着说要买给爸吃。母亲的脸就挂不住了，她鞋底也不纳了，竟抹起眼泪，数落起我来，说白养了我这个女儿。父亲在一边讪讪笑，孩子懂啥。语气里却透着说不出的得意。

待到我真的长大了，却与父亲疏远了去。每次回家，跟母亲有唠不完的家长里短，一些私密的话，也只愿跟母亲说。跟父亲，三言两语就冷了场。他不善于表达，我亦不耐烦去问。有什么事情，问问母亲就可以了。

也有礼物带回，却少有父亲的。都是买给母亲的，好看的衣裳、鞋袜和首饰。感觉上，父亲是不要装扮的，永远一身灰色的或白色的衬衫，蓝色的裤子。

一次，我的学校里开运动会，每个老师发一件白色T恤。因我极少穿T恤，就挑了一件男款的，本想给家里那人穿的，但那人嫌大，也不喜欢那质地。回老家时，我就顺手把它塞进包里面，带给父亲。

我永远也忘不了父亲接衣服时的惊喜，那是猝然遭遇的意外，他脸上先是惊愕，继而拿衣的手开始颤抖，不知怎样摆弄了才好，呵呵傻乐半天，才平静下来，问，怎么想到给爸买衣裳的？

这之后，父亲的话明显多起来。他乐呵呵的，穿着我带给他的那件T恤，在村子里乱晃，给这个看，给那个看。

他也三天两头打电话给我，闲闲地说些话，在要挂电话前，好像是漫不经意地说上这么一句，你有空的话，就回家看看啊。我也就漫不经意地应上一句，好啊。却未曾真的实施过。

暑假到来时，又接到父亲的电话。父亲在电话里很兴奋地说，家里的苹果树结很多苹果了，你最喜欢吃苹果的，回家吃吧，保你吃个够。我当时正接了一批杂志约稿在手上写，心不在焉地回他，好啊，有空我会回去的。父亲"哦"一声，兴奋的语调立即低了下去。父亲说，那，记得早点回来啊。我"嗯啊"地答应着，把电话挂了。

一晃近半个月过去了，我完全忘了答应父亲回家的事。深夜，姐姐电话至。闲聊两句，姐姐忽然问，爸说你回家的，你怎么一直没回来？我问，家里有什么事吗？姐姐说，也没什么事，就是爸一直在等你回家吃苹果的。

我在电话里就笑了，我说爸也真是的，街上不是有苹果卖吗？也不贵，一箱子不过几十块。姐姐说，那不一样，爸特地挑了几十个大苹果，留给你，怕坏掉，就用井桶吊着，天天放井里面给凉着呢。

心被什么猛地撞击了一把，我只重复说，爸也真是的，爸也真是的。就再也说不出其他话来。

爱到无力

母亲踅进厨房有好大一会儿了。

我们兄妹几个坐在屋前晒太阳，等着开午饭，一边闲闲地说着话。这是每年的惯例，春节期间，兄妹几个约好了日子，从各自的小家出发，回到母亲身边来拜年。母亲总是高兴地给我们忙这忙那。这个喜欢吃蔬菜，那个喜欢吃鱼，这个爱吃糯米糕，那个好辣，母亲都记着。端上来的菜，投了人人的喜好。临了，母亲还给离家最远的我，备上好多好吃的带上。这个袋子里装青菜菠菜，那个袋子里装年糕肉丸子。姐姐戏称我每次回家，都是鬼子进村，大扫荡了。的确有点像。母亲恨不得把她自己，也塞到袋子里，让我带回城，好事无巨细地把我照顾好。

这次回家，母亲也是高兴的，围在我们身边转半天，看着这个笑，看着那个笑。我们的孩子，一齐叫她外婆，她不知怎么应答才好。摸摸这个的手，抚抚那个的脸。这是多么灿烂热闹的场景啊，它把一切的困厄苦痛，全都掩藏得不见影踪。母亲的笑，便一直挂在脸上，像窗花贴在窗上。母亲突然想起什么似的说："我要到地里挑青菜了。"却因找一把小锹，屋里屋外乱转了一通，最后在窗台边找到它。姐姐说："妈老了。"

妈真的老了吗？我们顺着姐姐的目光，一齐看过去。母亲在阳光下发愣，"我要做什么的？哦，挑青菜呢。"母亲自言自语。背影看起来，真小啊，小得像一枚皱褶的核桃。

厨房里，动静不像往年大，有些静悄悄。母亲在切芋头，切几刀，停一下，仿佛被什么绊住了思绪。她抬头愣愣看着一处，复又低头切起来。我跳进厨房要帮忙，母亲慌了，拦住，连连说："快出去，别弄脏你的衣裳。"我看看身上，银色外套，银色毛领子，的确是不禁脏的。

我继续坐到屋前晒太阳。阳光无限好，仿佛还是昔时的模样，温暖，无忧。却又不同了，因为我们都不是昔时的那一个了，一些现实无法回避：祖父卧床不起已好些时日，大小便失禁，床前照料之人，只有母亲。大冬天里，母亲双手浸在冰冷的河水里，给祖父洗弄脏的被褥。姐姐的孩子，好好的突然患了眼疾，视力急剧下降，去医院检查，竟是严重的青光眼。母亲愁得夜不成眠，逢人便问，孩子没了眼睛咋办呢？都快问成祥林嫂了。弟弟婚姻破裂，一个人形只影单地晃来晃去，母亲当着人面落泪不止，她不知道拿她这个儿子怎么办。母亲自己，也是多病多难的，贫血，多眩晕。手有严重的风湿性关节炎，疼痛无比，指头已伸不直了。家里家外，却少不了她那双手的操劳。

我再进厨房，钟已敲过十二点了。太阳当头照，我的孩子嚷饿，我去看饭熟了没。母亲竟还在切芋头，旁边的篮子里，晾着洗好的青菜。锅灶却是冷的。母亲昔日的利落，已消失殆尽。看到我，她恍然惊醒过来，异常歉疚地说："乖乖，饿了吧？饭就快好了。"这一说，差点把我的泪说出来。我说："妈，还是我来吧。"我麻利地清洗锅盆，炒菜烧汤煮饭，母亲在一边看着，没再阻拦。

回城的时候，我第一次没大包小包地往回带东西，连一片菜叶子也没带。母亲内疚得无以复加，她的脸，贴着我的车窗，反反复复地说："乖乖，让你空着手啊，让你空着手啊。"我背过脸去，我说："妈，城里什么都有的。"我怕我的泪，会抑制不住掉下来。以前我总以为，青山青，绿水长，我的母亲，永远是母亲，永远有着饱满的爱，供我们吮吸。而事实上，不是这样的，母亲犹如一棵老了的树，在不知不觉中，它掉叶了，它光秃秃了，连轻如羽毛的阳光，它也扛不住了。

我的母亲，终于爱到无力。

如果可以这样爱你

母亲坐在黄昏的阳台上。母亲的身影没在一层夕照的金粉里。母亲在给我折叠晾干的衣裳。她是来我这里看病的,看手。她那双操劳一生的手,因患类风湿性关节炎,现已严重变形。

我站在她身后看她,我听到她间或地叹一口气。母亲在叹什么呢?我不得而知。待她发现我在她身后,她的脸上,立即现出谦卑的笑:"梅啊,我有没有耽搁你做事?"

自从来城里,母亲一直表现得惶恐不安。她觉得她是给我添麻烦了,处处小心着,生怕碰坏了什么,对我家里的一切,她都心存了敬意,轻拿轻放,能不碰的,尽量不碰。我屡次跟她说:"没关系的,这是你女儿家,你想做什么就做什么。"母亲只是羞怯地笑笑。

那日,母亲帮我收拾房间,不小心碰翻一只水晶花瓶。我回家,母亲正对着一堆碎片默默垂泪,她自责地说:"我老得不中用了,连打扫一下房间的事都做不好。"我扫去那堆碎片,我说没事的没事的。我想起多年前,我还是个小姑娘时,因调皮捣蛋,打碎家里唯一值钱的东西——一只暖水瓶。我并不知害怕,告诉母亲,那是风吹倒的。母亲自然知道我是在撒谎,却不戳穿,她把我上上下下检查一遍,看我没伤着,这才长舒一口气说,风真该打。现在,我真的想母亲这样告诉我,啊,是风吹倒的。那么，我就会搂住她说，风真该打。母亲却没有，尽管我一再安慰她，这花瓶不值钱的，改天我去抱十只八只回来。母亲还是为此自责了好久。

送母亲去医院，排队等着看专家门诊。母亲显得很不安，不时问我一句："你要不要去上班？"我告诉她，我请了假。母亲愈发不安了，说："你这么忙，我哪能耽搁你？"我轻轻拥了母亲，我说："没关系的。"母亲并不因此得到安慰，还是很不安，仿佛欠着我什么。

轮到给母亲看病了，母亲反复问医生的一句话是，她的手会不会废掉。医生严肃地说："这事说不准啊。"母亲就有些凄凄然，她望着她的那双手，喃喃道："这怎么好呢这怎么好呢？"出了医院门，母亲不住地叹气："梅啊，妈妈的手废了，怕是以后再不能给你种瓜吃了。"声音戚戚的。我从小就喜欢吃地里长的瓜啊果的，母亲每年都会给我种许多。我哽咽无语。我真想母亲伸出手来，这样对我说："啊，妈妈病了，梅给我买好吃的吧。"我小时病了，就是这样伸着手对着母亲的，我说："妈妈，梅病了，梅要吃好吃的。"母亲就想尽办法给我做好吃的。有一次，我大病，高烧几天后醒来，母亲卖了她珍爱的银耳环，给我买我想吃的鸭梨。

带母亲上街，给母亲买这个，母亲摇摇头，说不要。给母亲买那个，母亲又摇摇头，说不要。母亲是怕我花钱。我硬是给她买一套衣，母亲宝贝似的捧着，不住地摩挲，感激地问："要很多钱吧？"我说不值多少钱的，但母亲还是很感激。我想起小时，我看中什么，闹着要母亲给我买，从不曾考虑过母亲是否有钱，我要得那么心安理得。母亲现在，却把我的点滴给予，都当作是恩赐。

街边一家商场在搞促销，搭了台子又唱又跳的，我站着看了会儿，一回头，不见了母亲。我慌了，大字不识一个的母亲，如果离开我，她将怎样的惶恐？我四下里寻找，不住地叫着妈，最后看见母亲站在路边的一棵梧桐树下，正东张西望着。看见我，她一脸羞愧，说："妈眼神不好，怎么就找不到你了，你不会怪妈妈吧？"我把本想责备她的话，咽了下去。突然有泪想落，多年前的场景，一下子晃到眼前来：那时我不过四五岁，跟母亲上街，因为贪玩，跑丢了。母亲一头大汗找到我，我扑到她的怀里委屈得大哭。母亲搂着我，不住嘴地说："是妈不好，是妈不好。"脸上有着深深的懊恼。而现在，我的母亲，当我把她"丢"了后，她没有一丁点委屈，有的，依然是自责。

我上前牵了母亲的手，像多年前，她牵着我的手一样，我不会再松开母亲的手。大街如潮的人群里，我们只是一对寻常的母女。如果可以这样爱你，妈妈，让我做一回母亲，你做女儿，让我的付出天经地义，而你，可以坦然地接受。

天堂有棵枇杷树

年轻的母亲,不幸患上癌,生命无多的日子里,她最放心不下的,是她四岁的儿子星星。从儿子生下起,她与儿子,就不曾有过别离。她不敢想象儿子失去她后的情景,曾试着问过儿子:"要是不见了妈妈,星星会怎么办呢?"儿子想也没想地说:"星星就哭,妈妈听到星星哭,妈妈就出来了。"

她听了,一颗心难过得碎了,她在心里说:"宝贝,你那时就是哭破了嗓子,妈妈也听不到了。"

因为化疗,她一头秀发,渐渐掉落,如秋风扫落叶。儿子好奇地打量着她,问:"妈妈,你的头发哪里去了?"

她看着一脸天真的儿子,心如刀割,但脸上却笑着,她说:"妈妈的头发,去了天堂呀。"然后,她装着很神秘的样子,悄声对儿子说:"星星,妈妈告诉你一个秘密,你不要告诉别人哦。"

孩子很兴奋,郑重地承诺:"妈妈,星星不告诉人。"两只晶莹的大眼睛,一动不动盯着她。

她把儿子搂到怀里,搂得紧紧的,笑着跟儿子耳语:"妈妈可能要离开星星了,妈妈也要去天堂。"

"天堂在哪里?妈妈要去做什么呢?"孩子有些着急。

"天堂啊，离家很远很远，妈妈要去那里种一棵枇杷树。星星不是最爱吃枇杷么？"

"哦。"孩子认真地想了想，"那，妈妈把星星也带去，好不好？"

"不行，宝贝。"年轻的母亲，摸摸儿子稚嫩的小脸蛋说，"你现在还不可以去，因为你是小孩呀，天堂里，不准小孩去。等你长大了，长到比妈妈还要大好多好多时，才可以去哦。"

"那，妈妈会等星星吗？"

"会的，妈妈会一直等星星。妈妈在那儿，种一棵最大最大的枇杷树，树上，会结好多甜甜的枇杷，等着星星去吃。但星星得答应妈妈，妈妈走后，星星不许哭哦，一定要乖，要听爷爷奶奶的话，听爸爸的话，这样才能快快长大，知道不？"

孩子高兴地点头答应了。

不久之后，年轻的妈妈安静地走了。孩子一点也不悲伤，他坚信妈妈是去了天堂，是去种枇杷树了。夏天的时候，枇杷上市，橙黄的果实，充满甜蜜。孩子吃到了很鲜艳的枇杷，他开心地想，那一定是妈妈种的。

一些年后，孩子终于长大，长大到明白死亡，原是尘世永隔。这时，孩子心中的枇杷树，早已根深叶茂，挂一树甜蜜的果了。他没有悲痛，有的只是感恩，因为妈妈的爱，从未曾离开过他。他也因此学会，怎样在人生的无奈与伤痛里，种出一棵希望的枇杷树来，而后静静等待，幸福的降临。

那些疼我的人

三月天,蜜蜂从土墙的洞里钻出来,嗡嗡闹着。柳树绿了。桃花开了。菜花更是开得惊心动魄,铺一望无际的黄。上个世纪七十年代的乡下,这个时候,正是青黄不接,有什么可吃的呢?没有的。

我去爬屋后的小木桥。小木桥搭在小河上方,桥下终年河水潺潺。湍急的水流,在幼小的我的眼里,很可怕,我害怕从桥缝里掉下去。那样的害怕,最终会被一种向往所抵消。爬过木桥,就可以到达几里外的外婆家,外婆会给我一只煮鸡蛋,或是一捧炒蚕豆。这是极香的诱惑。

我很幸运,每次都能安全地爬过木桥去。矮矮的外婆见到我,眼睛笑眯成一条缝。她手里正补着衣,或是正纳着鞋底,她会立即放下手里的活,去灶边生火。一瓢清水倒进锅里,腾起一股热浪来,我知道,我可以有煮鸡蛋吃了。一脸威严的外公埋怨她:"那是换盐的鸡蛋啊,家里快没盐了。"外婆挡着,说:"小点声,别吓着孩子。"他们在屋里嘈嘈切切地吵。我不管那些的,有外婆护着,有香香的煮鸡蛋可吃,便觉得自己是世上最幸福的孩子。现在想来,那时我真是不懂事,不知吃掉外婆家多少的盐,害得外婆一到饭时,便受到外公的责备。

记忆里,也总是体弱,常生病,一病就是半个月。这时有两个女人围着我转,一个是祖母,一个是母亲。光线微弱的茅草房里,祖母的身影，隐在半明半暗中，有种奇异的温暖。我躺在床上看她，她端一只水碗，放在门后，手里握三根筷子，蹲下身去，嘴里念念叨叨，一边叫着我的名字。"你们不要摸我家的梅呀，让她快快好起来，我给你们烧纸钱。"三根筷子终于在水碗里站立起来，祖母便长吁一口气，她的祷告灵验了。迷信的祖母，用她自认为可以为我消灾免难的站水碗的方法，一次次为我祷告。祷告完了，她的手，会轻轻抚过我的脸，沙子吹过的感觉。岁月锻造得她的手，很糙，却暖极。她问我："乖乖，你的病就快好了，想吃什么？奶奶给你做。"那时摊一块葱油饼，是最难得的美味，我每次都会提这个要求。祖母每次都会满足我，家里没摊葱油饼的白面，她就去问邻居借。葱油饼上好闻的葱花味，香了整幢房子，以至于我病好后，特别留恋生病的日子，便很希望能再得上一场病。

我有过大难不死的几次。母亲说："有一次出天花，全村八十三个孩子都出天花了，你是最严重的一个。高烧昏迷，不省人事，医生说，没治了，让准备后事。我抱着你，七天七夜没合眼。你呀……"母亲没有继续这个"你呀"，她笑着说起另外的事，关心着我现在是不是还常常熬夜。"不要熬夜呀，人吃不消的。你要好好的呀。"母亲这样说。我却在她那一句未完的"你呀"后面浮想联翩，想我是这么一个难缠难养的孩子，母亲的心，不知碎过多少回。大雪的天，我又突然生病，母亲顶着风雪去找赤脚医生。赤脚医生来，查看了我之后说："不行，你们得赶紧把孩子送街上的医院去。"老街离村子有几十里路，父亲当时又不在家，外面风大雪大的，但母亲还是决定送我前去老街。母亲真的就这么做了，她把我用被子里三层外三层地裹好，让我躺到借来的拖车上，拖着我上路了。一路上，母亲跌过不知多少跟头，我却安然无恙。到达医院，医生看着雪人一样的母亲，感动了，立即给我做了检查，结果是急性肺炎，晚一会儿，就难治了。我的病好了，母亲的额上，却留下一指长的一块疤，像一条卧着的小蚕。我抚摸着母亲的那块疤，问母亲后不后悔生了我。母亲嗔怪地打掉我的手,说一句:"你呀!"

父亲也会跟我说:"你呀!"是说我成长中种种的让人不省心。求学时,转过不少学校,听说哪里教学条件好,就闹着要去哪里。父亲为此跟着后面跑断腿。夜幕已四合了,他还骑着辆破自行车,在到处奔波,托人帮我找关系。到达青春时节,爱情成了一件磨人的事,疼痛的心,无处可依。月夜独坐外头,父亲跟出来,坐我身边,跟我讲我小时候的趣事,一边说一边呵呵笑:"你小时候,真是一个可爱的丫头,圆圆的脸,像个苹果,这样的丫头,怎么会没人疼呢?爸爸相信,你一定会找到一个疼你的人的。"父亲认真地看着我,眼睛里有星星在闪。我的心,就那么平静下来,也跟着笑,觉得即使天塌下来,也还有高个子的父亲帮我顶着,我怕什么呢?我没有什么怕的了。

婚姻中,遇到那人,不是貌似潘安,才似柳永,却会在我生病的时候,守我身边,给我削梨子。会在我磕疼的时候,给我揉淤血的膝盖,一边责怪:"怎么这么不小心?"会买我爱吃的鸡蛋卷回来。还有我喜欢的花花草草,摆满一阳台,还是不满足,我说我还要。他答应一声:"好。"有时我会明知故问:"你宝贝我吗?"他说:"我不宝贝你,还能宝贝谁呢?"时光刹那停住,地老天荒。

现在,我在织一件毛衣。要过冬了,儿子的毛衣嫌短了。我挑橘黄的颜色,选一种小熊猫的图案,这样织出来,一定漂亮非常。想儿子穿上,一定帅气极了。儿子在一边看着,问:"妈妈,是给我织的吗?"我答:"不给你织,给谁织呢?""那么,妈妈,你是宝贝我的吗?"他又问。我答:"我不宝贝你,还能宝贝谁呢?"思绪就在那一刻拐了弯,我生命中那些疼我的人,一一浮现出来。我痴痴地想,上帝送他们来,就是为了来疼我的。就像我疼我的儿子一样。世间的美好,原是这样的爱写成的。

如今,我的外婆和祖母,早已先后去世了。很安慰的是,她们走时,我在她们身边。她们看着我,最后疼爱的光亮,像淡淡的紫薇花瓣落下,落在我的脸上,留在这个世上。

爱的源头

回了趟老家。妈说家里种的新米好吃。妈说家里种的青菜好吃。

妈都给我准备好了。

我回家,看到妈站在门口等我们,她的脚跟旁,一边立着一个袋子。妈说,一袋子是新米,一袋子是青菜。

妈笑嘻嘻的,带着感激的眼神,看着我们把新米和青菜搬上车。——妈那会儿的神情,除了"感激",我还真找不到别的词来形容。妈不识字,妈没出过几趟远门,妈听不懂普通话,妈谦卑了一辈子。即便是在儿女跟前,她也仍是谦卑的。在妈的心里,她想的当是,儿女还肯吃她种的粮食和蔬菜,还没嫌弃她老得不中用,就是对她最大的恩典了。

妈一定是这么想的。

妈说,乖乖,吃掉的话,就再回家来拿,家里多的是。妈的背是驼着的,望上去真瘦小,瘦小得我能轻轻抱起她。

我答应,哦,好的,吃掉了我们自会回来拿的。我不放心市场上卖的,哪有妈种的既安全又好吃。

妈就很是开心地笑了。

我低头,不看妈,故意说,妈,你还要多种些葱,多长些蒜,再种些荠菜,再长些萝卜,省得我去买。

妈忙忙答应，好的，好的，只要你喜欢吃，家里地方有的是，我多种些。

我当然喜欢吃，我说。背转过身，我抹掉就要溢出眼眶的泪。也不知为何，随着年纪越长，我也越爱流泪了，动不动就鼻子发酸。妈这个"粮仓"还能供我索取几回呢？不能想，一想心就揪紧了，就很恐慌。我也只能，多往老家跑几趟，以"索取"的名义。我知道，妈喜欢我们这样，那是她余生活着的最大价值和意义了。

我想起同事琴。她的母亲刚没了。她和母亲原是一个住城东头，一个住城西头。她下班晚了，就去母亲家蹭饭。有时，下班并不算晚，她也会跑去蹭饭。她母亲为了她，每天都要认认真真做饭，还挖空心思变换着菜品花样。她每次都吃得兴高采烈的，她说，骗骗我老母，让她高兴高兴。

她母亲还在花盆里长韭长葱。一日，她早上来上班，喜滋滋提着一袋子嫩韭来，韭上还凝着晶莹的露珠。她说，我老母刚割下的，很嫩的，你们要不要分点儿？

我刚从我老母那里来，她给我做了韭菜摊饼吃，好吃得很。

我老母闲着没事，长了好些盆韭菜。别说，那些韭菜都肥得不得了。她还在一些盆子里长茄子，茄子都开花了。

琴滔滔不绝，眉飞色舞。

可是，她的老母亲突然走了。我半路上遇见她，她抱着我失声痛哭，说，我再没有妈可叫了。

她爱的源头，就这样，断了。

我不知我爱的源头什么时候会断。我要做的是，多多吃妈妈长的新米，多多吃妈妈种的蔬菜，多找机会回家。

娘　亲

大雾，茫茫一片。她置身在一条船上，向着远处行去。儿子的哭喊声突然响起，妈妈——儿子叫得撕心裂肺的。她听到，心立即碎了一船。回头，隐约看见儿子的小身影，在岸边的水雾里晃。她请求船停下来，船却不肯停。她急了，忘掉自己不会游水，扑通，跳下了水。

惊醒，浑身大汗。看时间，凌晨两点。她不过才眯了一刻钟。四周静谧，屋子里轻微的声响，便显得格外清晰。是水仙的花开了吧。客厅的桌上，摆着一盆水仙，是她带着儿子一起买回来的。

她顾不得去想那个，赶紧察看睡在身边的儿子。一个晚上，儿子一直哭闹着。三岁不到的小人，还不能准确表达自己的意思，只是哭闹着。每一声都似尖刀，在她的心尖上划过。她费力地做着种种猜测，饿了？不对。她喂过儿子爱喝的酸奶，儿子不喝。喂过儿子喜欢吃的鱼羹，儿子不吃。喂过儿子爱吃的小米糕，儿子不吃。是肚子疼吗？她揉儿子的小肚子，儿子哭得更厉害了。似乎是肚子疼，似乎又不是。那么，是不是感冒了？有点像，她拿自己的额头，贴着儿子的额头，有点烫，却又捉摸不准。或者，是受到惊吓了？听人说，受到惊吓的孩子，会把魂丢了。

老公叫她放宽心，说，小孩子嘛，生病也是难免的，等天亮了，去医院看看就是了。她哪能放下心？她几乎要跟老公吼起来。两个人围着小人转，各种哄孩子的办法都想尽了，好不容易哄得孩子住了声，睡着了。老公也一头累倒，呼呼睡去。她却不敢睡，万一孩子的病严重了呢？她免不了胡思乱想，越想越害怕。

儿子的小脸，在浅浅的灯光下，尤显娇嫩。她忍不住亲亲那小脸蛋，想着，这个小人，她爱到骨髓里，为他上刀山下火海，她都是愿意的，只要他好好的。

儿子的呼吸却突然变重，鼻孔里仿佛有什么堵住了似的，每呼吸一下，都跟拉风箱似的。她紧张心疼得不得了，恨不得自己变成一只小虫子，钻到儿子的鼻孔里去查看清楚。她摸儿子的小手掌小脚掌，把眼睛贴到上面，细细分辨儿子的体温。她感觉到儿子的灼热！天，儿子在发烧啊！

她恼怒地推醒老公。你看，都怪你，孩子在发烧哪，她的声音里带着哭腔。下午，起风了，老公执意要带孩子外出。他给孩子新买了一个小风车，孩子在风里玩得高兴。她当时就隐隐不安，怕儿子受凉。老公却不在意地说，我的儿子没这么娇弱，我的儿子要做真正的男子汉。孩子不懂他们说什么，冲她兴奋地直嚷嚷，妈妈，宝宝要做男子汉。

老公惊醒，用手探孩子额头，果然有些烫。也慌了，怎么办？他们大眼瞪小眼。外面是黑沉沉的天，也冷。两人商量着要不要去医院。她担心着，假如夜里值班的医生不是专业的，用错药了怎么办？

要不，等天亮了再说吧，老公说。

两个人守着儿子，眼巴巴等着天亮。她心里真是悔恨得要命，要是她照顾得周到一些，儿子怎么会发烧呢？她真恨不得替了儿子发烧。

孩子睡得很不安稳，手在动，脚在动，动着动着，醒过来，又是一顿哭闹。她和老公手忙脚乱地哄着，最后孩子哭累了，眼睛这才渐渐合上，呼吸却变得越来越重。她听得心惊肉跳，抱着儿子，一个劲祈祷，宝宝，你千万不能有事啊。

老公望着她，感叹道，养个小孩真不容易啊，想我小时那么多的病，真不知我娘亲是怎么把我带大的。

老公是山里长大的孩子，一直叫妈妈为娘。她觉得这叫法好土，怎么张口，她也叫不出。所以，她从未张口叫过老公妈妈一声娘，她都是喊阿姨的。她听老公说过小时的事，三岁时得肺炎，五岁时患脑炎，八岁时一场痢疾来袭，回回都恨不得要了他的小命。

她的心里翻江倒海起来，婆婆的样子，在眼前浮现：低矮的瓦房前，又矮又胖的婆婆，大着嗓门，唤鸡唤鸭。拿沾满油污的抹布擦碗擦筷子。剁碎的肥肉，倒在大锅里，和着大米一起煮。她皱眉，这也能吃？还有更让她难以忍受的，婆婆竟在她睡的床上垫上稻草，说是软和。睡到半夜，她被虫子咬醒，身上生了很多红疙瘩。她只在山里住了一晚，就逃也似的回了城。跟现在的老公，那个时候的男友约法三章，将来我们有了孩子，坚决不要你娘亲来带。是的，她从心底排斥这样的婆婆。婆婆也很知趣，他们结婚后，只来过城里一次，也只待了一个晚上。那是她生了孩子后。

老公说，要不，我给我娘亲打个电话？她有很多土方子的。

她没吱声，算作默许。

电话很快接通，婆婆的大嗓门惊惊乍乍响起，儿啊，这三更半夜的，出啥事了？当听说是孩子发烧了，婆婆似乎放下一颗心，笑起来，说，不要急不要急，你小时也是三天两头就发烧的，你们先弄点酒精帮他抹抹，降降温。

她按婆婆教的法子，取了生姜和葱，捣碎，加了些白酒，给孩子抹上了。手掌，脚掌，额头，颈窝，一通涂抹之后，孩子似乎安静了不少，呼吸的鼻音，似乎没那么重了。她焦虑的心，渐渐安定。临近天亮时，她沉沉睡过去。

她是被婆婆的大嗓门震醒的。那个时候，是上午九点多。老公已带着孩子起床了，在客厅和婆婆说话。婆婆说，一接到你们的电话，我立马央了人送我来。几百里的路,她不知道晕车晕得厉害的婆婆,是如何一路呕吐,到达他们这里的。

婆婆带了一大蛇皮袋的山货来。手把手教她,如何给孩子做核桃羹吃。如何做葱姜饼给孩子驱寒。倘若孩子泻肚子了,弄一颗陈石榴,煎汤服下就好了。婆婆取出带来的陈石榴,摆了满满一茶几。

我在家都晒好了收着呢,生怕你们会用得着,婆婆说,没有哪个孩子,不是做娘的疼大的。

她一时间什么话也说不出。婆婆矮胖的身子,蹲在地板上择菜,看上去,像座温暖的小山丘。她轻轻走上前去,从后面抱住了婆婆,叫了一声,娘。第一次与婆婆这么亲昵,有点别扭,有点不好意思。她想,以后会好些的。

母亲的生日

母亲生日的时候，棉花地里的棉花正大朵大朵地开。母亲闲不住，到棉花地里去拾棉花。一朵一朵的白入了母亲的怀，母亲搂抱着棉花，在微风里笑。母亲笑得很年轻，很好看——那是记忆中的母亲。那天，拾完棉花回家的母亲，把一朵一朵的棉花，摊在院门前晒。暖阳下，洁白的棉花，像极了天上的云朵。我们小鸡似的围着母亲转，母亲给我们下面条吃，还额外做两道菜——炒鸡蛋和鸡蛋卷。鸡蛋是家里现成的，另再到地里挑些菜，做成鸡蛋卷吃。母亲极少吃，只笑眯眯看着我们吃。我们吃得很香。

母亲问我们，长大了，会不会记得妈的生日？我们都答会记得。且许诺说，还会买许多许多好吃的给她吃。母亲听了很开心，满脸璀璨。

一晃多年过去，曾经年轻的母亲，已是白发多于黑发，却没有一个孩子能记得住她的生日。我们像羽翼丰满的鸟儿，次第飞了，飞到别的枝头筑了窝。只在每年年底的时候，才恍然大叫一声，呀，又错过妈的生日了。

母亲却不介意，笑着说，哪天不是过日子呀。但我想，母亲在生日那天一定是极失落的。棉花地里的棉花还在大朵大朵开啊，母亲的背却驼了，怀抱棉花的母亲已不怎么利索了。她还会把棉花摊到院门前晒，然后下面条吃。但桌跟前，却少了几只抢食的"小鸡"，母亲很孤单。

这样想着，我内疚得很，跟姐姐商量，要帮母亲好好过一回生日。

姐姐就去问母亲，具体生日在哪天。母亲吃惊于我们突然问起这个来，她说，过什么生日呀，我的生日早就过了。

再三追问，母亲这才说起一件事来，说她今年六十三。民间有风俗，老人生日逢三是道坎，要做女儿的带回家吃顿饭，才能顺利跨过那道坎的。

母亲没文化，是极迷信的，自然相信这种说法。在过六十三岁生日那天，她几经犹豫，还是鼓足勇气给姐姐和我分别打电话了。姐姐那天刚好有事出远门，母亲便把希望寄托在我身上。母亲问我忙不忙。我以为是寻常电话，就回她说，忙啊。事实上，我每天都在瞎忙乎，白天工作，晚上写作，昏天黑地的。母亲呐呐半天，把想说的话硬生生憋进肚里去，只一再叮嘱我，一定要早睡，一定要注意身体。

我搁了电话，生活如常。不知道那一日，乡下地里的棉花，已大朵大朵开了。不知道我的母亲，原是极想到我家来过生日的。

我们要给母亲补过生日。母亲推托一番后，答应了，说，也好，我就不去你们家麻烦你们了，你们买点东西一起回家吧。

大喜过望，忙问母亲想要什么。母亲不好意思了半天，才告诉我们，我想要盒生日蛋糕呢。母亲活了大半辈子，竟从未曾收到过生日蛋糕的。我想起来，我孩子过生日时，母亲围着摆在桌子上的生日蛋糕，转了又转，神情很是新奇。当时，我并未过多在意，以为那不过是母亲的孩子气罢了。

我很懊恼于我的疏忽，对母亲说，妈，这一次，我们一定给你做个最大最好的生日蛋糕，并且在上面写上你的名字。

母亲雀跃起来，开心地问，真的吗，我的名字也能写上去？

我说是真的。立即要母亲定下日子，我好请了假赶回去。

母亲想都没想，说，那就放到正月初四吧。以后都放在这天过生日，热闹呢，一家人都在的。

再无言。正月初四，是我每年回家拜年的日子。

手心里的温暖

他在十五岁那年,开始叛逆,敢对着父亲瞪眼睛,敢迎向父亲的拳头。

做他父亲的人,显然一愣,举起的拳头,就停在半空中。他头一偏,斜睨了父亲一眼,然后丢下发愣的父亲,头也不回地走了。他心里有胜利的喜悦在沸腾,他终于,可以直视父亲了!

从小的记忆里,镌刻的,是对父亲的惧怕。那惧怕里,甚至带着恨。母亲也是怕父亲的,父亲嗓门儿一高,母亲立即噤了声。他挨父亲打的时候,母亲也不敢护他,只在事后揉着他的伤哭,说,你爸也是为你好。

为他好什么呢?他想不明白。他不过是打碎一只碗,不过是跟同学打了一场架,不过是把墨汁泼到衣裳上,不过是贪玩了一会儿……父亲统统不听他分辩,总是挥拳就打。他真的搞不懂啊,作为一所重点中学校长的父亲,在别人面前那么和蔼可亲,谈笑风生,怎么到了他面前,就变成那么霸道的一个人?他甚至怀疑,他不是父亲亲生的。邻居们在他还很小的时候,开他玩笑,说,小强,你是你妈在垃圾桶旁边捡的。他信以为真。再上街,他看到捡垃圾的男人,总会想一想,那个人,是不是他的亲爸爸。他情愿跟着那样一个爸爸去,哪怕天天穿破衣裳。那个时候,他唯一的愿望,是快快长大,长到个子超过父亲。他要把他所受的痛,统统还给父亲。

他十五岁这年，个子猛地蹿高，不经意的，竟真的超过了父亲。冲突因一件小事而起，他喜欢看足球赛，那日，电视里有足球赛直播，他作业没做，一直看到半夜。父亲回来，见他还在电视机前大呼小叫，立即怒不可遏，一拳挥过来。这一次，他没有躲避，而是昂着头，看着父亲，带着挑衅的神情。他听到父亲一声叹，你大了。举起的手，颓然放下。

第二天傍晚放学，他故意不回家，在外面闲逛，一直逛到万家灯火都亮得疲倦了。他想象父亲发火的样子，甚至想好对策，如果父亲再打他，他就来个离家出走。然那日，父亲没有动手，父亲坐在沙发一角翻报纸，一直一直没抬头。倒是母亲，埋怨了他两句，怎么这么晚才回来？你不知道我和你爸有多担心吗？

他不理母亲，兀自一个人进了房间，关上门睡觉。那一觉，睡得特别香。半夜醒来，听得父母房内，有嘈嘈切切的说话声，还伴有父亲的咳嗽和叹息。他空空地听了会儿，翻个身，又睡过去。

那以后，他叛逆的心，越走越远。父亲越不允许做的事，他越对着干。父亲多次对他挥起拳头，又多次颓然放下。这反而加深了他的怨恨，他以为，父亲的妥协，只是因为，他长大了，父亲本就不爱他的。

他开始逃课，和街上一帮小青年混到一起。他染黄头发，还学会了抽烟。父亲常去大街上把他找回，阴沉着一张脸对他说，我只供你到十八岁，十八岁后，你自食其力。

他把这话听进耳里，想，到底是不爱的，想扫地出门呢。他并不觉得前途的可怕，跟着一帮小青年，总能混口饭吃的。他还是经常逃课，和小青年们一起，在街头横冲直撞。小青年们不知从哪里搞来钱，他们一起花着玩儿，青春年少的天空，一片混沌。

出事是在他十七岁那年，小青年们在街头闹事，打伤人，他当时也在其中。他被抓进派出所，父亲去了，那么高大伟岸神采飞扬的一个人，突然间矮了下去，跟在办案民警后面，态度谦卑得恨不得低到尘埃里。他远远看着，心被什么猛击了一下，生疼生疼。

他被父亲领回家。他以为父亲这次定不会轻饶他的，然父亲什么也没说，只吩咐母亲，快给他做饭罢。他埋头吃饭的当儿，觉得旁边有个黑影移过来，静静立在他身后。他知道，那是父亲。他静坐着不动，那黑影也不动，空气凝固成一坨冰。他想，若是父亲这次打他，他定不还手。然父亲的手，只轻轻落到他头上，粗糙而柔软。父亲抚摸了他一下，说，你好好的罢。他的眼里，突然就涌出泪来。他不答父亲的话，假装埋头吃饭。父亲再站一会儿，转身走了。

第二天，母亲悄悄告诉他，你爸哭了，哭了大半夜。母亲说，你这孩子，要把你爸伤到什么程度才罢手啊？他愣住，就那么愣在一方薄凉的空气中。五月了，花在窗外开得轰轰烈烈，他的心，开始疼。

他安静下来，认真读书。他本是个聪明的孩子，稍稍认真，成绩就直线上升。他与父亲，关系却尴尬着，以往的种种，总是千般滋味万般感受涌上心头。两个人碰面了，也多半无话。

很快参加高考，一路顺风，他考到离家很远的一个城市去读书。父亲只淡淡说了句，一切要好自为之。他听了，心里有隐隐的失落。

四年大学，父亲没有到学校看过他一次，倒是写过一次信，信里，父亲写道：好好做人。——简单明了。他把信翻来覆去看，看不出温度来。

偶有电话回家，都是母亲接。母亲唠叨得很，怕他冷了怕他饿了怕他不会洗衣裳。他嘴里跟母亲闲闲说着话，耳朵却竖着，听母亲边上的动静。他听到父亲在一旁咳嗽，他希望父亲接过电话，对他说一两句话，父亲却始终没有，他怏怏放下电话。改天，母亲突然电话至，要他记得加衣裳，说有冷空气将降临他所在的城市。他诧异地问母亲，你怎么知道的？母亲说，你爸天天看天气预报呢，看你那里的天气。

父亲肺部查出阴影，是他毕业那年的事。那时候，他正为工作四处奔波。父亲出人意料地打了一个电话给他，父亲问他，忙吗？他在电话里犹豫了两秒钟，回父亲，忙。父亲没再说什么，只关照，忙完记得回家看看你妈。

他不知道那时父亲已躺在医院里，咳出的痰里，有血块。诊断结果，是肿瘤，恶性。他得知这消息时，父亲已动过两次手术了。他的心，一刹那间痛如刀割。

他回家，买了父亲喜欢吃的橘。父亲半倚在病床上，正跟母亲说着话，看到他，脸色一喜，随后又暗下来，没好气地说，不好好工作，跑回来做什么？他不还嘴，慢慢走到父亲跟前，把橘提到父亲跟前晃，说，我买的。父亲"哼"一声，他在那声哼里，听出温柔来。

他慢慢伸出手去，握住父亲的手。父亲的手，在他掌中，颤抖了一下，复而紧紧握住他的手。父子两个人，像老朋友似的，对着笑。父亲突然擂他一拳：你这个坏小子！他回父亲一拳：你这个坏爸爸！他们的手，又紧紧相握到一起。那一刻他终于知道，这个他误解了二十多年的男人，是这么渴望跟他握手，好把他手心里的温暖，传递给他。

母亲的快乐

入秋，街上第一缕烤山芋的香味飘起来的时候，我就忙着给母亲打电话，让她给我准备一袋子山芋带过来。

母亲接到我这类电话，总显得格外欢喜，一迭声说有有有，生怕我反悔了，生怕我不再问她要东西了。

这一次亦是，才隔一日，一袋山芋已托人带了来，只只都经过母亲的手，细细挑选过。稍稍破点皮的，母亲肯定扔了。个儿不大的，母亲肯定扔了。母亲认为不甜不粉的，也肯定扔了。

母亲的电话随后而至，迫不及待问我，山芋好吃吗？我回，好吃。是谎话，因为我还没顾得上吃。母亲在电话那头就很开心地笑了，仿佛中了大奖似的，虽是隔了百十里远，我还是感觉到她的兴奋。

母亲总是这样，每到一个时节，若我不打电话回家，她会主动打了来，告诉我，地里的什么什么又能吃了。我会装着十分惊喜地说，是吗？然后让母亲给我准备一点带过来。事实上，现在市场上什么没有的卖啊，反季节的蔬菜多的是，母亲以为的上市货，在城里，早已没了季节的限制。

父亲背地里告诉我，你妈在为你准备那些东西时，高兴得不得了，嘴里一直哼着歌。我好奇，问，什么歌？父亲笑了，她大字不识一个，谁听得懂她哼的是什么。我能想象得出那样的情景：屋檐下，母亲半蹲着，用手一一认真梳理着要带给我的东西，脸上挂着茅花般的微笑。那会儿或许有阳光，或许没有，但母亲的心里，一定有着一轮温暖的大太阳照着。她快乐地想，这一棵青菜是我女儿要的呢；这一只山芋是我女儿爱吃的呢。母亲因此而幸福。

天下的母亲，莫不因为给予而快乐。

我单元楼里住着一个老人，儿子女儿都在外地工作成家了。平日里，老人生活得无声无息的，几乎听不到她家有什么动静，也难得见到她出来走动。但一到秋天，她就明显忙碌起来，她去菜场买了雪里蕻回来，买了萝卜回来，成筐的。楼梯口遇到，她大声地告诉我们，儿子女儿又打电话回来，想吃她腌的雪里蕻和萝卜干了。我得多备点，她乐呵呵地说。改天，楼前的空地上，晒了许多洗净的雪里蕻，和切好的萝卜片，老人不时跑去看看，眼睛半眯着，很陶醉。

我的好友玲是单亲，从小与母亲相依为命，在她眼里，母亲一直坚强得像棵大树，为她遮风挡雨。当她去外地读大学时，母亲突然患了病，又是失眠又是头疼的。玲很着急，买了许多药品寄回来，有些还是国外进口的，但都无济于事。后来，有"高人"点拨她，说她母亲，或许是因为不适应她的突然离开，空虚寂寞得害起病来。玲恍然大悟，再打电话回家，就跟母亲要这要那，今天要母亲帮她缝件内衣，明天又要母亲帮她做双棉拖鞋，还要在鞋头上绣花。她在电话里对母亲撒娇，妈，商场里卖的那些，都不如你做的好，你缝的内衣穿着才贴身，你做的棉拖鞋拖着才舒服。她母亲一边责怪玲什么时候才能长大，一边欢天喜地去买了布来，一针一线为玲缝制内衣，做着棉拖鞋，饭也吃得香，觉也睡得香了，病不治而愈。

想来，要让一个母亲开心，不但要记得买些礼物给她，更要时不时地问她"索要"，告诉她，你就是喜欢吃她做的糖糍粑，你就是喜欢穿她纳的棉布鞋。这比买什么补品给她都管用，她会因此而快乐而健康而延缓衰老。因为，她要好好活着，她的孩子还需要她。

和父亲合影

父亲在三十二岁上，照过一张小照。在上海城隍庙照的。二寸，黑白的。父亲当时是送姐姐去上海看腿的。六岁的姐姐，腿被滚水严重烫伤，整日整夜地哭。父亲的心被撕扯得七零八落。在姐姐的腿伤稍稍好转了之后，从不迷信的父亲，竟跑去城隍庙，想给姐姐买一个护身符。

父亲最终在城隍庙买没买到护身符，我不得而知。但父亲却走进了照相馆，拍了一张小照。

那时，对偏僻乡村的人来说，到照相馆照相还是件稀罕事。父亲的小照被带回来，村里人听闻，都聚到我家来看稀奇。一屋子的人争相传看着这张照片，啧啧称赞，拍得真好啊，就跟真人长得一模一样。

的确拍得好。拍摄的角度，微微有点倾斜，把父亲俊朗的轮廓，拍得十分立体。照片上的父亲，英气勃勃，神采郁郁葱葱。多年之后，我再看父亲那张小照，发现年轻的父亲，长得特像从前的电影演员赵丹。而这时的父亲，正蜷在家里的沙发上打瞌睡，衰老得似一口老钟。

记忆中的父亲，哪里会老呢？他是永远的三十二岁，风流倜傥，丰姿俊爽。在一帮大字不识一个的乡人里头，父亲很有些鹤立鸡群的样子。他不但识文断字，吹拉弹唱，也是无所不会。那时，我们兄妹几个，喜欢围了父亲转，看风把父亲的黑头发吹得飞扬起来。喜欢听父亲拉二胡、吹口琴、哼《拔根芦柴花》的小调。喜欢看父亲挥毫泼墨，似乎写尽江山。村里人家，哪家的门上，没有贴上父亲写的春联啊。这样的父亲，在我们的眼里，是举世无双的。

我上学了，成绩不错。父亲跟人说，只这个女儿，是他的翻版。但父亲从未指导过我学习。只一次，我伏在小凳子上，用红红绿绿的粉笔画人，把人涂得五颜六色。父亲走过来，俯下身子看我画人，看了一会儿，他握住我的手，替我帮人加上耳朵。又揩掉那些五颜六色，给人穿上中山装。我对着看，竟发觉画中人，有些像镜框中小照上的父亲了。我又是惊异又是自豪，我爸原来还会画照片上的人呀。

我渐渐长大，对父亲的崇拜渐渐少了去，直至无。我眼中的父亲，与其他庸常的父亲没什么两样。他抽难闻的水烟。爱吃大葱和大蒜。手指甲里淤着黑泥，他用那样的手，把玉米饼掰开，一块一块送到嘴里去。及至我工作了，父亲来城里看我，当着一帮我的同事，把大厦的"厦"读成夏天的"夏"，我羞红了脸纠正。父亲讪讪笑，再读，还是读成"夏"。我只有默默摇头。

父亲老了，很多的疾病缠上身。最严重的是脊椎病，发作时，压迫得他双腿不能走路。这时的父亲，无助得像个小孩，被我接进城里来看病，完全听任我的摆布，神情落寞。

那日，我和几个朋友外出游玩归来，在相机里翻看刚刚拍的照片。父亲也很感兴趣地凑在一边看，边看边夸道，拍得真好。我想起来，我好像极少和父亲拍过合影，就随口说了句，爸，要不，我们来拍一张合影？

父亲愣了一下，有些意外地看着我，问，就我们两个拍？我说，是啊，就我们两个。父亲笑了笑，有些犹豫，说，还是不拍吧，爸爸都这么老了，拍起来不好看。

我的心疼疼地跳了一下，父亲是老了。我嫌过他老吗？貌似没有。可事实上，我是在嫌弃。我不耐烦听他说话。我很少跟他一起出门。我也极少坐到他身边，握住他的手，陪他聊家常。我不知他又添了几道皱纹，白了几根头发。我与他，就这么，在岁月里疏离着。

我上前搂搂父亲，我说，爸，来吧，你不老，还是很帅的。

父亲犹疑地看看我，终于下定决心似的，答应，好吧。他很认真地理好头发，理顺衣衫，对着镜头摆好姿势。我靠上去，靠到他肩上，我说，爸，来，一二三，我们一齐笑。

照片上的父亲和我，都笑得灿若春花。父亲看着照片很开心，嘱我把合影洗出来，他说要带回家去，时常拿出来看。我遵嘱洗了两张，一张给了父亲，一张留给我自己。所有见过这张照片的人都说，你和你爸长得太像了，笑得一模一样。

大　姑

大姑走了。

她是我奶奶最大的女儿。我小时候见她,她就一头白发,很老的样子。其实那个时候,她也才四十岁不到。

她的腿脚不便,是小儿麻痹症落下的后遗症。十多年前,她完全走不了路了,去哪儿都得依赖一张板凳。她身子蜷缩着,趴在板凳上,板凳往前挪一步,她的身子便往前挪一步。她看上去,很像一只蜗牛。

她一生未曾生育。抱养了一个姑娘,比我大一岁,我该叫其表姐的。但我从没叫过表姐,我直呼其名,桂兰。

我小的时候,有个亲戚来我家,对我一番端详,之后,跟我奶奶说了一句话,这丫头长得很像银珠小时候呢。

我当时不知银珠是谁,以为是夸我呢。后得知"银珠"是大姑的小名,我很是泄气。我怎么会长得像大姑呢!她那么的不美,还瘸着腿。

有一年过年走亲戚,我们一帮孩子都到了二姑家。二姑是当时亲戚里过得最好的,住大瓦房,吃白米饭。那天大姑也去了,饭后,她要回去,她问我们这些孩子,哪个乖乖愿意跟我家去的?我家天天有大馒头吃哦。

等了很久,没一个孩子说去。最后,我说我去。我是做了思想斗争的，我是被她抛出的吃馒头的许诺给吸引了。

大姑表现得很激动，她一把搂过我去，说，还是我家梅丫头最懂事，最疼大娘娘（我们那儿称姑姑都叫"娘娘"）。

那时真不懂她为什么要激动。但她的激动影响了我，我被一种莫名其妙的情绪鼓舞着，觉得自己是做了一件了不起的事。现在想来，大姑那时真是寂寞失落得很的，亲戚家的孩子，没一个愿意跟她亲近。也少有亲戚登她家的门。

二姑的家，离大姑的家，有二三十里的样子。那时交通不便，也没车，我是跟她一路走着回家的。我们从午后，一直走到天黑。路上遇到一拨一拨走亲访友的人，大家看到大姑走路的样子，都带着惊奇嘲弄的神情。还有人在她背后学她走路，一瘸一拐的，学得可真像，惹得哄笑声连连。我看到了，真是又气愤又羞愧，竟暗自恼恨起大姑来。

我在大姑家住下。她买了一个玩具风车给表姐，没有给我买。我要玩，得问表姐借。也和表姐一起去地里割猪草，我们把篮子割得满满的，她夸，啊，我们家兰小真有本事啊，能割这么多猪草呀。我在旁边说，大娘娘，还有我呢，我也割了很多猪草呢。她就补上一句，哦，我们家梅也有本事，也能割猪草了。眼睛却并不看着我，还在看着她的兰小。傍晚烧晚饭，她在灶膛里炕一只馒头，炕得焦黄焦黄的，麦子好闻的香味儿，直冲人的鼻孔。她掰下一大半儿给表姐，余下的才给我。我虽人小，但也体会到了，她是两样心的，她对表姐，和对我是不一样的。她是恨不得把表姐捧在掌心里的。

晚上，我和表姐睡不着，她就搂着表姐，亲着，一声一声叫，兰小呀，兰小呀，我的兰小呀。这惹得我嫉妒。

兰小呀，我就盼你长大后能养我呢，大姑对表姐说。

我听了，闹着要回家。大姑这才着急起来，来抱我，千般哄万般骗，还取出不知藏在何处的糖果给我吃。又许诺，梅不走，梅陪兰小玩，大姑给你做花衣裳穿。

我爸却来接我了。大姑在灶台，要给我爸煎荷包蛋吃。我爸不肯吃，说，你们不容易的，这鸡蛋要换油盐酱醋呢。大姑低声回，你们难得登我家的门呐。又悄悄跟我爸说，我对兰小好，梅丫头可能不高兴了，但我不能不对兰小好啊，她不是我身上掉下来的肉，我要多焐焐才跟我亲啊。

那些话我也听不懂。在回家的路上，我爸问我，在大娘娘家过得好不好？我答，不好。我是吃着表姐的醋的。我爸就说，大娘娘是疼你的，你再长大一些就懂了。

我长大了，却再没去过大姑家，我们难得见上一次面了。一年一年的，她在我的记忆里，渐渐淡薄了。

有一年，我回老家，意外看见大姑也在，她头上的发，更白了，茅花似的飘着。她伏在小板凳上，仰头看我。哎呀，是我们家梅啊，她很惊喜、很亲热地叫我。我唤了她一声大娘娘，站她旁边半天，却不知要跟她说些什么。

大姑后来彻底瘫痪了，一直到她过世，她再也没有离开过床。我爸有时去看她，每回回来，心都揪着，遇到我时，告诉我，你大娘娘很可怜，一个人躺在床上，也没个人问事。

可以想见大姑的境遇。表姐早知自己是抱养的，这些年，与自己的亲爹亲妈相认了，来往频繁。对大姑这个养母，她能尽的，也就是表面上的义务罢了。大姑就像一支烛火，渐渐地，兀自燃尽了。

去送大姑。表姐披麻戴孝，笑着出来迎接，三亲六眷也都到齐了。没有人痛苦。走掉这样一个人，是多么正常的一件事啊。大家谈天说地。帮厨的出出进进，食物的香气，在屋内屋外搅腾。我慢慢退到角落里，努力想大姑的样子。

有个老人听说我在，捧着他写的一本书来找我，让我给看看，能不能出版。老人是个退休老师，平时很喜欢写写画画的。他说跟我大姑是同学，他记得我大姑很多事。

丁志珠是个很有志气的人，读书时很用功的，老人说。

她立志要做个医生的，老人说。

我真是大吃一惊，大姑竟也是个识文断字的人哪。她也曾像一棵植物一样蓬勃过，也曾有过理想，在她年轻的心头激荡。

有一种爱，叫血缘

她一直不肯原谅他。

多年前，他犯下一个错：大年夜，穷困潦倒的他，为了能买点年货回家，铤而走险，抢了一个过路女人的包。女人奋起反抗，跟后面追，大叫，有人抢劫啦！

到底不是专门干这行的，听到女人一声叫，他腿一软，双膝跪到地上。后来，他被判了重刑，进了监狱。那个时候，她才六岁。他答应给她买金发布娃娃回来当新年礼物的。她满心雀跃地倚门等，从午后，等到黄昏。等到雪开始下了。等到雪花堆白了人家的屋顶。天暗了，人家庆祝新年的礼花，在空中绽开了一朵又一朵，绚丽璀璨，欢歌笑语震落了屋顶上的积雪，他还没有回来。最后，她等来的，是母亲歇斯底里的哭。母亲搂着她喃喃问，怎么办，我们怎么办呢？那个新年，她的头顶上，一片冰冷和黯淡。连屋外飘着的雪花，也失了颜色。

母亲从此变得沉默，腰弯了，背驼了，人前都低着头，卑微又渺小。她跟着母亲摆地摊讨生活，过早地告别了童年。他人横扫过来的眼光，如同锥子，把她小小的心，一戳一个洞。她像一只小老鼠，尽量把自己缩小，再缩小，小成一团，躲在自己的一隅。尽管如此，邻居们看到她，还是大着声关照自己的孩子，不要跟琪琪一起玩，会跟她后面学坏的。琪琪是她的名字。她再无玩伴。

上学了，跟同学起了争执，同学只一句话，就把她打得一败涂地溃不成军。同学说，你爸是个劳改犯！她只听到哪里哗啦啦，泥石俱下，山崩地裂的感觉。

八年后，他刑满释放回家，她已是个初中生，在拼命蹿长个头。她看他，似俯视，虽然他比她高了一头，但在她眼里，他是委琐的，不堪的。任他用尽手段对她好，把去码头上扛包得来的钱，都用来买好衣裳给她。把去工地上拌泥浆得来的钱，都用来买布娃娃和零食给她。她还是不肯开口叫他一声爸。

日子仓促地过，她终于长大。高考填报志愿，她把自己送到千山万水外去了。他在一边嗫嚅着说，琪琪，可不可以不去那么远？她斜睨着他，问，想怎样？他便红了脸，小声说，我和你妈，想能常去看看你。她冷笑一声，在心里说，谁要你看！

大学毕业后，她理所当然地留在了外地工作。有他在的家，她很少去想，他是她难堪的记忆，碰不得。跟家里联系，电话也都是打给母亲的。寄信寄物，也都只寄给母亲。

却在某天，收到一张五万块的汇款单。是他汇来的。她打电话给母亲，母亲说，你爸把家里的积蓄全拿出来了，现在他一天打三份工，说要赚钱帮你在城里买房。她握汇款单的手，不自觉地抖了抖。这之后，她不断收到他的汇款，一次三五百，都是他刚领到的工钱。她照单全收，认为那是他欠她的。

他的病，来得凶猛，肾衰竭，晚期。她得知，脑袋訇一下，一片空白。她隐约记起母亲曾在一次电话中提及，他身体不太好。她哪里会去关心他？一个话题轻轻一绕，就把他给轻描淡写绕过去了。她以为他再怎么疼痛，也不会波及她一点点，却在得知他病倒的那一瞬间，胸口疼得喘不过气来。

她请假回家，瞒着他去配肾源。很配。怎么会不配呢，她是他唯一的女儿，她是他身体里的一部分。他们融合在一起。

后来的后来，他们一起坐在一棵花树下，他虚弱的脸上，有了红润。他说，女儿，对不起。她伸手按住他的嘴，爸，别说了。这一声爸，叫得他热泪纵横。她亦是淌了满脸的泪。亲人间哪里会不相干呢，原是你中有我，我中有你，扯也扯不断。这种爱，叫血缘。

母爱不说话

母亲一直是偏心的。

姐弟二人，照理说，母亲应该更疼他。他比姐姐小，且是个男孩子，农村人家，都把男孩子当宝的。何况他比姐姐聪明，从小读书好，捧回的奖状贴了满满一墙。

姐姐不。姐姐愚笨得很，念书念到小学五年级了，做加减法还要掰着手指头数。姐姐也体弱，整天病歪歪的，不是感冒就是头疼。母亲的一腔爱，却都洒在姐姐身上。穿的，紧着姐姐穿。他读初中了，还穿姐姐穿剩下的毛衣。大红的女式毛衣，远远就看得见，跟一团火把似的。惹得班上的同学笑，看见他就叫，贵妃娘娘。当时他们正学到一首杜牧的诗：一骑红尘妃子笑，无人知是荔枝来。老师在课堂上讲到杨贵妃，说杨贵妃喜欢着红装，很是艳丽。同学们的目光，便齐刷刷地落到他身上，从此，"贵妃娘娘"的绰号就叫开了。

他回家冲着母亲哭，再不肯穿那件大红毛衣。母亲只淡淡看他一眼，说，能保暖就行，讲究那么多做什么？再说，家里哪有闲钱给你置办新的？隔天，却给姐姐买了一件漂亮的棉外套。因为邻居的女孩穿了，姐姐喜欢，嚷着要，母亲二话不说，就给买了。

吃的，也是紧着姐姐吃。那个时候，还小吧，母亲给姐姐蒸了一碗鸡蛋羹。物质匮乏的家里，一碗鸡蛋羹，是他小小的脑袋里，能想象出的最好吃的食物。哪里有鸡蛋吃呢？鸡蛋是要换油换盐的。他盯着母亲手里的鸡蛋羹，上面泛着乳黄的色泽，在他的眼里，那是世界上最好看的颜色。母亲把鸡蛋羹径直端给了姐姐，他跟在母亲身后，小声说，妈，我也要吃。母亲转身看他一眼，说，姐姐病了，你又没生病。说着，把他拉到一边去了。他眼见着姐姐一勺一勺，把一碗鸡蛋羹，美美地吃下去。

那个时候，他最大的愿望，是生一场病。夜里睡觉，他故意蹬翻掉棉被。这小小伎俩，被母亲识破，母亲一边帮他盖紧被子，一边骂，讨债鬼，你想累死妈妈啊！下雨天，他故意淋雨，落汤鸡似的跑回家，被母亲一顿好打。夜里，他真的发烧了，脸烧得通红通红的，头脑昏昏沉沉。他很高兴地把滚烫的小手伸向母亲，说，妈，我生病了。母亲摸摸他的额，给他煮一杯生姜水灌下去，拿被子捂紧他，出一身的汗。第二天清早，他悲哀地发现，他的烧退了，他没有吃成鸡蛋羹。

是发过誓的，有朝一日，他要把鸡蛋吃够。他发愤读书，一路把自己读到名牌大学去了。毕业之后，他留在了大城市，把美食吃尽，曾经的不堪，被他远远甩到身后去了。而姐姐，书只念到初中，便念不下去了。回到家里，地里的活干不了，母亲便养着她。

他极少跟母亲联系，倒是母亲常常打电话来，每次都是说姐姐怎样怎样，一万个放心不下的，还是姐姐。一次，母亲讷讷半天，跟他提出要钱，数目不小。他问，做什么用？母亲说，我想给你姐开家小店，卖卖小杂货什么的，也好让她日后有个依靠。他的心，立即被什么堵住了，这么些年过去了，母亲竟还是偏心的。他什么话也没回，默默挂了母亲的电话。

两个星期后，他突然接到姐姐的电话，电话里，姐姐哭着说，弟弟呀，妈快死了。他霎时惊得魂飞魄散，怎么会呢，母亲六十还不到啊。

医院里，母亲面色惨白地躺在病床上，癌症晚期。医生说，癌细胞已扩散，最多只能活过十天半月的。他平生第一次，紧紧握住母亲的手，母亲的手，骨瘦如柴。他的心里，翻江倒海起来，这么多年，虽是怨着母亲，可是，是她给了他生命，供他读书成才，她是他血管里奔流着的一滴又一滴。

夜深了，母亲在一阵剧烈疼痛后，终于平息下来。母亲拉着他的手，久久地看着他，眼里渐渐溢满了泪。母亲说，这些年，苦了你了。也是到这个时候，他才得知，当年，幼小的姐姐患了脑膜炎，因就医不及时，留下了后遗症，母亲一生为此内疚着。

他哭着让母亲安心，他说他会照顾好姐姐的。母亲似乎就等着他这句话，在他说出之后，母亲的脸上，浮现出一抹笑，笑着笑着，母亲走了。

他料理完母亲的后事，接姐姐去城里。老家的房子他给处理了，屋里的东西能送人的，悉数送了人。姐姐却执意要把一个香炉和几把香带走。他跟姐姐解释，城里不兴这个的。姐姐却把香炉抱得紧紧的，生怕被人抢走了似的。姐姐仰起头，憨憨地对他笑，认真地说，妈以前每天都帮你给菩萨敬香，让菩萨保佑你，我以后也要每天帮你给菩萨敬香。

他呆呆地看着姐姐，只觉得喉咙哽咽，一句话也说不出。多年来，他一直以为母亲是偏心的，殊不知，母亲一直在默默保佑着他。

父亲的菜园子

父亲在电话里给我描绘他的菜园子：菠菜，大蒜，韭菜，萝卜，大白菜，芫荽，莴苣……里面什么都长了，你爱吃的瓜果蔬菜有的是，你就等着吃吧。

我的眼前，便浮现出这样的菜园子：里面的青翠缠绵成一片，浅绿配深绿，饱吸着阳光雨露。实在美好。

既而我又有些怀疑了，父亲虽是农民，但他使的是粗活，挑河挖地，他很在行。而种瓜种菜，是精致活，像绣花一样的，得心细才行。几十年来，这些都是母亲做的，父亲根本不会。

我的疑虑还未说出口，父亲就在那头得意地说，种菜有什么难的？我一学就会了。我知道你喜欢吃这些呢，所以辟了很大的一个菜园子。

自从母亲的类风湿日益严重后，父亲学会了做很多事，比如煮饭和洗衣。想到年近七十的老父亲，在锅台上笨拙的样子，我的眼睛，忍不住发酸。父亲却满不在意，他乐呵呵地说，等你回来，我到菜园子里挑了菜，炒给你吃，活鲜鲜的，保管你喜欢吃。

父亲的菜园子，在父亲的描绘中，日益蓬勃起来。他说，青椒多得吃不掉了，扁豆结得到处都是，黄瓜又打了不少的花苞苞了，萝卜马上就能吃了……我家的餐桌上，便常常新鲜蔬菜不断，碧绿澄青着。有的是父亲亲自送来的，有的是父亲托人带来的。父亲说，市场上的蔬菜农药太多，你们少买了吃，还是吃家里带的好。

有时，父亲带来的蔬菜太多，我吃不掉，就分赠给左邻右舍。即便这样，父亲仍在电话里问，够不够吃？不够，我菜园子里多着呢。仿佛他那儿有一口蔬菜的井，可以源源不断地喷出蔬菜来。

便想象父亲的菜园子，里面的瓜果蔬菜，长势喜人，是一畦一畦的活泼呢。

偶然得了机会，我回老家，第一件事，就是直奔父亲的菜园子。母亲坐在院门口笑，母亲说，你爸哪里有什么菜园子啊，学了大半年，他才学会种青菜，这人笨呢。

我疑惑，那，爸送我的那些蔬菜哪里来的？

母亲说，是你爸帮工帮来的。我不能种菜了，他又不会种，怕你没菜吃，他就去人家地里帮工，人家送他一些现长的瓜果蔬菜抵工钱。

怔住。回头，瞥见父亲站在不远处，正不好意思地冲我笑，他因他的"谎言"被揭穿而羞赧。嘴上却不肯服输，招手叫我过去，说，你别听你妈瞎说，我不只会种青菜的，我还学会了种芫荽。

他领我去屋后，那里，新辟了一块地，地里面，一些嫩绿的小芽儿，已冒出泥土来，正探头探脑着。父亲指着那些芽儿告诉我，这是青菜，那是芫荽。还种了一些豌豆呢。你看，长得多好。

这里，很快会成一片菜园子，你下次回家来看，肯定就不一样了，父亲说。他的手，很有气势地在半空中划了一个半圆。

我点头。我说到时记得给我送点青菜，还有芫荽，还有豌豆。我喜欢吃。

爱，是等不得的

他是母亲一手带大的。

他的母亲，与别人的母亲不太一样，因患侏儒症，母亲的身材异常矮小。

他的父亲——一个老实巴交的泥瓦工，家徒四壁，等到四十岁上，才娶了他母亲。一年后，他诞生，白白胖胖的样子，像一轮满月，把父母自卑挣扎的心，照得水汪汪亮堂堂的。日子因他的到来，有了奔头。

他六岁那年，父亲去帮邻家盖房，从房梁上摔下来。那时，他正在不远处的土路上玩耍，满场纷乱的脚步声，伴着惊叫声，从此，烙在他心上。他没了父亲。

矮小的母亲，一个人拉扯着他，吃的苦，应该比天上的星星还多吧？夜幕四垂，母亲还未归。一大清早，母亲就背了一篓子的绣花鞋垫去集上卖。那些鞋垫，是母亲夜里坐在灯下，一针一线绣好的。母亲靠这些贴补家用，换了牛奶鸡蛋养活他。他坐在门前的矮凳上数星星，等母亲。矮小的母亲，是他的天。童言天真，他对母亲说，等我长大了，我一定报答你。

母亲便笑着问他，怎么报答呢？

他答，我给你买一屋子的好东西吃，我给你买一屋子的好衣裳穿。

母亲笑，笑出泪来。母亲摸他的头，母亲说，吃的妈妈不要，穿的妈妈不要，等你长大了，带妈妈坐一回飞机吧。

乡野广阔，狗尾巴草和车前子长满沟渠，母亲在割草。母亲的身影望上去，和草差不多高。他欢快地叫，妈妈，我比你高。是的，八九岁的人，个头已超过矮小的母亲了。头顶上突然响起飞机飞行的隆隆声，母亲抬了头看，他也抬了头看。空中的飞机，有点像他见多的花喜鹊。"花喜鹊"飞远了，看不见了，母亲这才收回目光。母亲说，这都是有本事的人坐的，有本事的人，坐了飞机，到很远的地方去。

他问，很远的地方是什么样的？

母亲描绘，有很多很多的高楼，高楼里的桌子椅子，都很亮很亮，漂亮得不得了。母亲没离开过乡村，母亲的想象里，很远的地方，就是有高楼和漂亮的桌子椅子。

他郑重地向母亲承诺，以后我要做有本事的人，带你坐飞机到很远的地方去。

他一天天长大，一路念书，把书念到城里，真的成了有本事的人。他住进了母亲曾描绘过的高楼里。亦常常去赶像花喜鹊一样的飞机，坐上去，南来北往着。母亲对他崇拜不已，母亲问，你真的坐飞机了？他漫不经心地回，啊，是啊。

坐飞机像不像坐船一样的，会不会晕？母亲充满好奇。

他觉得母亲的好笑。一低头，瞥见母亲的白发，如枯败的茅草，杂乱地堆积在头上。永远儿童般矮小的母亲，原来也会苍老的。他眼睛一热，轻轻搂抱住母亲，许诺道，妈，等我哪天得空了，我带你坐飞机去。

母亲很意外，仰头看着他"啊啊"两声，笑了笑，慌乱得连连摆手道，不坐不坐，我这么老了，坐飞机做什么啊？

他认起真来，紧搂了母亲一把，郑重地说，妈，你等着，我一定带你去坐一回的，很快。

母亲就羞涩起来，低了头笑，欢喜得有些手足无措。

他也终于得了空闲，提前订下机票，他打电话回家，告诉母亲，这回真的要带她去坐飞机。母亲激动得逢人便告，我儿要带我去坐飞机了。还特地扯了布，做了一身新衣裳。

他回去接母亲，半路上，突然接到上司的电话。上司说公司来了一个重要客人，问他有没有空陪着一起吃饭。他只犹豫了几秒钟，就回，没问题。车子掉转头，朝着母亲的相反方向而去。他想着，飞机票可以重签，母亲晚一天出行也无妨。

这天晚上，母亲意外地摔了一跤，再也没能爬起来。起初，母亲的神志还清醒着，还跟人说，我儿要带我去坐飞机呢。可渐渐地就不行了，到凌晨，母亲咽下最后一口气。

他飞奔回家，跪在母亲的遗体跟前，恸哭不已。只不过一日之隔，他的爱，就再也送不出去了。

人生赢家

我爸最近爱说一句口头禅，我赚了。

别以为老爷子发了什么横财。一个七十多岁的老农，守在家里的三分地上，种点蔬菜粮食，能发财到哪里去？我清楚地知道，我爸的口袋里，从来不会超过二百块。

我爸却满足得很，走哪里都乐呵呵的，说，我赚了。按我爸的说法是，过去没柴烧，现在有了。过去没饭吃，现在就恨肚子装不下。过去没衣裳穿，现在多得穿不了了。过去住茅草屋，现在住上砖瓦房了。这，当然是赚了。

我们兄妹几个一起归家，我爸最开心。他去地里拔了青菜，又拔萝卜。他一手举青菜，一手举萝卜，得意地对我们说，我种的。瞧，长得多好！我赚了啊！

青菜烧豆腐。萝卜烧肉。一家人坐下来，平日极少沾酒的我爸，这时，必满上一杯，轻酌慢饮。酒未醉人，人自醉，我爸笑眯眯地看看这个孩子，望望那个孩子，醉眼蒙眬，感叹道，这日子多幸福啊，我真是赚了。

我们懂他的意思，四个儿女，个个健全安康。虽没有大富大贵，却都善良本分，能把寻常的小日子，过得有声有色。对我爸来说，这就是他最大的收成。

他跟我们聊起村子里的人和事。记得福立吗？比我还小几岁呢，前些天得病走了，走的时候，床边没一个人，我爸摇头叹。福立真是苦了一辈子啊，招了个上门女婿，平日里对他非打即骂，他一辈子没吃过好的没穿过好的，就这么走了。我爸说着说着，就陷入一层忧伤里。但很快，他又变得快乐起来。他慢慢呷了一口酒，看看我们这个，望望我们那个，幸福满满地说，比起福立，我赚多了，我的儿女个个孝顺。

又聊到富林。富林跟我爸是同龄人，膝下只有一个儿子。富林的儿子出息了，如今定居在美国。但我一点儿都不羡慕富林，我爸说，他不如我幸福，有个头疼脑热的，身边也没个人照应。哪像我这么有福，逢年过节，我的儿女都能回来看我。——这么一算账，我爸的确又赚了。

又聊到和我们一起长大的邻居四小。四小从小聪明，精明能干，有生意头脑。成年后，他南下广州做生意，曾一度辉煌闪耀，回到村子里，翻盖了三层楼房，很是鹤立鸡群。但他竟不走正道，偷偷贩毒，被抓了，判了个无期。我爸说，四小出了这档事，他的爹娘在村子里再抬不起头来了。你们都好好的，我就赚了，我爸最后总结道。

带我爸去北京。一路之上，他一直念念叨叨，说他赚大了。你想啊，村子里那么多人，谁能像我这样，又是坐火车又是坐飞机的，还看天安门爬长城？他们一辈子都不知道，天安门的门是朝南还是朝北呢。我赚大了，死了也闭眼睛了。我爸逢人便说。

现在，我爸的身子骨虽大不如前，但还能走能动。我买了辆老年代步车给他，他偶尔会载着我妈，到二十几里外的老街上吃了早点再回家。我爸觉得，比起躺在床上不能走不能动的人来说，他赚了。一生的艰难困苦，那都可以忽略不计的。我爸憧憬道，日子还会越来越好。

是的，日子会越来越好。我爸就像一面镜子，照见了我们内心的狭隘。想想，我们有坚固的屋檐庇佑风雨；有稳妥的工作滋养日子；有明亮的眼睛可以抬头看天，低头见花；有健康的双腿可以健步如飞，四处游走。生活中得到的，永远比失去的多。我们其实都是人生赢家。

第二辑

格桑花开的那一天

尘世里，我们需要的，有时不过是一个肩头的温暖。在我们灰了心的时候，可以倚一倚，然后，好有勇气，继续走路。

红木梳妆台

她与他相识，不知是哪一年哪一月的事了。仿佛生来就熟识，生来就是骨子里亲近的那一个。她坐屋前做女红，他挑着泔水桶，走过院子里的一棵皂角树。应是五月了，皂角树上开满乳黄的小花儿，天地间，溢满淡淡的清香，有种明媚的好。她抬眉。他含笑，叫一声，小姐。那个时候，她十四五岁的年纪罢。

也不过是小户人家的女儿，家里光景算不得好，她与寡母一起做女红度日。他亦是贫家少年，人却长得臂粗腰圆，很有虎相。他挨家挨户收泔水，卖给乡下人家养猪。收到她家门上，他总是尊称她一声小姐，彬彬有礼。

这样地，过了一天又一天。皂角花开过，又落了。落过，又开了。应该是又一年了罢，她还在屋前做女红，眉眼举止，盈盈又妩媚。是朵开放得正饱满的花。他亦长大了，从皂角树下过，皂角树的花枝，都敲到他的头了。他远远看见她，挑泔水桶的脚步，错乱得毫无步骤。却装作若无其事，依然彬彬有礼叫她一声，小姐。她笑着点一下头，心跳如鼓。

某一日，他挑着泔水桶走，她倚门望，突然叫住他，她叫他，哎——他立即止了脚步，回过身来，已是满身的惊喜。小姐有事吗？他小心地问。

她用手指缠绕着辫梢笑。她的辫子很长，漆黑油亮。那油亮的辫子，是他梦里的依托。他的脸无端地红了，却听到她轻声说，以后不要小姐小姐地叫我，我的名字叫翠英。

他就是在那时，发现他头顶的一树皂角花，开得真好啊。

这便有了默契。再来，他远远地笑，她远远地迎。他起初翠英两字叫得不顺口，羞涩的小鸟似的，不肯挪出窝。后来，很顺溜了，他叫她，翠英。几乎是从胸腔里飞奔出来。多么青翠欲滴的两个字啊，仿佛满嘴含翠。他叫完，左右仓促地环顾一下，笑。她也笑。于是，空气都是甜蜜的了。

有人来向她提亲，是一富家子弟。他听说了，辗转一夜未眠。再来挑沮水，从皂角树下低头过，自始至终不肯抬头看她。她叫住他，哎——他不回头，恢复到先前的彬彬有礼，低低问，小姐有事吗？

她说，我没答应。

这句话无头无尾，但他听懂了，只觉得热血一下子涌上来，心口口上就开了朵叫作幸福的花。他点点头，说，谢谢你翠英。且说且走，一路脚步如飞。最后，他跑到一处无人的地方，对着天空傻笑半天。

这夜，月色姣好，银装素裹。他在月下吹笛，笛声悠悠。她应声而出。两个人隔着轻浅的月色，对望。他说，嫁给我吧。她没有犹豫，答应，好。但我，想要一张梳妆台。这是她从小女孩起就有的梦。对门张太太家，有张梳妆台，紫檀木的，桌上有暗屉，拉开一个，可以放簪子。再拉开一个，可以放胭脂水粉。立在上头的镜子，锃亮。照着人影儿，水样地在里面晃。

他承诺，好，我娶你时，一定给你一张漂亮的梳妆台。

他去了南方苦钱。走前对她说，等我三年，三年后，我带着漂亮的梳妆台回来娶你。

三年不是飞花过，是更深漏长。这期间，媒人不断上门，统统被她回绝。寡母为此气得一病不起,她跪在母亲面前哀求,妈,我有喜欢的人。

三年倚门望,却没望回他的身影。院子里的皂角花开了落,落了开……不知又过去了几个三年,她水嫩的容颜,渐渐望得枯竭。

有消息辗转传来,他被抓去做壮丁。他死于战乱。她是那么的悔啊,悔不该问他要梳妆台,悔不该放手让他去南方。从此青灯孤影,她把自己没入无尽的思念与悔恨中。

又是几年轮转,她住的院落,被一家医院征去,那里,很快盖起一幢医院大楼。她搬离到几条街道外。伴了多年的皂角树,从此成了梦中影。如同他。

六十岁那年,她在巷口晒太阳,却听到一声轻唤,翠英。她全身因这声唤而颤抖。这名字,从她母亲逝去后,就再没听到有人叫过她。她以为听错,侧耳再听,却是明明白白一声翠英。

那日的阳光花花的,她的人,亦是花花的,无数的光影摇移,哪里看得真切?可是,握手上的手,是真的。灌进耳里的声音,是真的。缠绕着她的呼吸,是真的。他回来了,隔了四十多年,带着承诺给她的梳妆台。

那年,他出门不久,就遇上抓壮丁。他被抓去,战场上无数次鬼门关前来来回回,他嘴里叫的,都是她的名字,那个青翠欲滴的名字啊。他幸运地活了下来,后来糊里糊涂被塞上一条船。等他头脑清醒过来,人已在台湾。

在台湾,他拼命做事,积攒了一些钱,成了不大不小的老板。身边的女子走马灯似的,都欲与他共结秦晋之好,他一概婉拒,心里只有皂角花开。

等待的心,只能迂回,他先是移民美国。大陆"文革"了,他断断回不得的。他挑了上好的红木,给她做梳妆台。每日里刨刨凿凿,好度时光。

她早已听得泪雨纷飞。她手抚着红木梳妆台，拉开一个暗屉，里面有银簪。再拉开一个暗屉，里面有胭脂水粉。是她多年前想要的样子啊……

她是我外婆。这一年，我母亲——她在三十五岁那年收养的孤儿，有了一个父亲。而三岁的我，有了一个外公。母亲关照我，外婆的什么东西都动得，唯独那梳妆台不能爬上去玩。于是我常怀了好奇，倚门上望年老的外婆。她坐在梳妆台前，很认真地在脸上搽胭脂，搽得东一块西一块的。因为年轻时的过多穿针引线，以及，漫长日子里的泪水不断，她的眼睛，早瞎了。

哎，好看吗？她转头问立在身后的外公。外公一迭声说，好看好看。那个时候，外面的阳光，花一样开放着。

如果蚕豆会说话

二十一岁，如花绽放的年纪，她被下放到偏僻的乡下。一夜之间，她从一个幸福的女孩子，变成了人所不齿的"资产阶级小姐"。那个年代，有那个年代的荒唐。而这样的荒唐，几乎改变了她一生的命运。

父亲被批斗至死。母亲伤心之余，选择跳楼，结束了自己的生命。这个世上，再没有疼爱的手，可以抚过她遍布伤痕的天空。她蜗居在乡下一间漏雨的小屋里，出工，收工，如同木偶一般。

最怕的是田间休息的时候，集体的大喇叭里放着革命歌曲，"革命群众"围坐一堆，开始对她进行批判。她低着头，站着。衣不敢再穿整洁的衣，她和他们一样，穿打了补丁的。发不敢再留长长的，她忍痛割爱，剪了。她甚至有意在毒日头下晒着，因为她的皮肤白皙，她要晒黑它。她努力把自己打造成贫下中农中的一员，一个女孩子的花季，不再明艳。

那一天，午间休息。脸上长着两颗肉痣的队长突然心血来潮，把大家召集起来，说革命出现了新动向。所谓的新动向，不过是她的短发上，别了一只红的发夹。那是母亲留给她的遗物。

队长派人从她的发上，硬生生取下发夹。她第一次反抗，泪流满面地争夺。那一刻，她像孤单的一只雁。

突然，从人群中蹿出一个身影，脸涨得通红的，从队长手里抢过发夹，交到她手里。一边用手臂护着她，一边对周围的人，愤怒地"哇哇"叫着。

所有的喧闹，瞬间止息，大家面面相觑。等明白过来眼前发生的事，大家笑了，没有人跟他计较，一个可怜的哑巴，从小被遗弃在村口，是吃百家饭长大的，长到三十岁了，还是孑然一身。谁都把他当作可怜的人。

队长竟然也不跟他计较，挥挥手，让人群散了。他望着她，打着手势，意思是叫她安心，不要怕，以后有他保护她。她看不懂，但眼底的泪，却一滴一滴滚下来，砸在脚下的黄土里。

他见不得她哭。她怎么可以哭呢？在他心里，她是美丽的天使，从她进村的那一天，他的心，就丢了。他关注她的所有，夜晚，怕她被人欺负，他在她的屋后，转到下半夜才走。她使不动笨重的农具，他另制作一些小巧的给她，悄悄放到她的屋门口。她被人批斗的时候，他远远躲在一边看，心，铰成一片一片的。

他看着流泪不止的她，手足无措。忽然从口袋里，掏出一把炒蚕豆来，塞到她手里。这是他为她炒的，不过几小把，他一直揣口袋里，想送她。却望而止步，她是他心中的神，如何敢轻易接近？这会儿，他终于可以亲手把蚕豆交给她了，他满足地搓着手嘿嘿笑了。

她第一次抬眼打量他，长脸，小眼睛，脸上布满岁月的风霜。这是一个有些丑丑的男人，可她眼前，却看到一扇温暖的窗打开了。是久居阴霾里，突见阳光的那种暖。

从此，他像守护神似的跟着她，再没人找她的麻烦，因为他会为她去拼命。谁愿意得罪一个可怜的哑巴呢？她的世界，变得宁静起来。她甚至，可以写写日记，看看书。重的活，有他帮着做。漏雨的屋，亦有他帮着补。有了他，她不再惧怕夜的黑。

他对她的好，所有人都明白，她亦明白，却从不曾考虑过会嫁他。邻居阿婶想做好事，某一日，突然拉住收工回家的她，说，你不如就做了他的媳妇吧，以后好歹有个疼你的人。

他知道后，拼命摇头，不肯娶她。她却决意嫁他。不知是不是想着委屈，她在嫁他的那一天，哭得稀里哗啦。

他们的日子，开始在无声里铺开来，柴米油盐，一屋子的烟火熏着。她在烟火的日子里，却渐渐白胖起来，因为有他照顾着。他不让她干一点点重的活，甚至换下的脏衣裳，都是他抢了洗。

这是幸福罢？有时她想。眼睛眺望着遥远的南方，那里，是她成长的地方。如果生活里没有变故，那么她现在，一定坐在钢琴旁，弹着乐曲唱着歌。或者，在某个公园里，悠闲地散着步。她摊开双手，望见修长的指上，结着一个一个的茧。不再有指望，那么，就这样过日子罢。

也不知是他的原因，还是她的原因，他们一直没有孩子。但这不妨碍他对她的好，晴天为她挡太阳，阴天为她挡雨。村人们叹，这个哑巴，真会疼人。她听到，心念一转，有泪，点点滴滴，润湿心头。这辈子，别无他求了。

生活是波平浪静的一幅画，如果后来她的姨妈不出现，这幅画会永远悬在他们的日子里。她的姨妈，那个从小去了法国，而后留在了法国的女人，结过婚，离了，如今孤身一人。老来想有个依靠，于是想到她，辗转打听到，希望她能过去，承欢左右。

这个时候，她还不算老，四十岁不到呢。她还可以继续她年轻时的梦想，譬如弹琴，或绘画。她在这两方面都有相当的天赋。

姨妈却不愿意接受他。照姨妈的看法，一个一贫如洗的哑巴，她跟了他十来年，也算对得起他了。他亦是不肯离开故土。

她只身去了法国。在法国，宜人的气候，美丽的住所，无忧的日子。她常伴着咖啡度夕阳。这些，是她梦里盼过多次的生活啊，是她骨子里想要的优雅，现在，都来了，却空落。那一片天空下，少了一个人的呼吸，终究有些荒凉。一个月，两个月……她好不容易挨过一季，她对姨妈说，她该走了。

再多的华丽，亦留不住她。

她回家的时候，他并不知晓，却早早等在村口。她一进村，就看到他瘦瘦的影，没在黄昏里，仿佛涂了一层金粉。或许是碰巧罢，她想。她哪里知道，从她走后的那一天起，每天黄昏，他都到路口来等她。

没有热烈的拥抱，没有缠绵的牵手，他们只是互相看了看，眼睛里，有溪水流过。他接过她手里的大包小包，让她空着手跟在后面走。到家，他把她按到椅子上，望了她笑，忽然就去搬出一只铁罐来，那是她平常用来放些零碎小物件的。他在她面前，陡地倒开铁罐，哗啦啦，一地的蚕豆，蹦跳开来。

他一颗一颗数给她看，每数一颗，就抬头对她笑一下。他数了很久很久，一共是九十二颗蚕豆，她在心里默念着这个数字。九十二，正好是她离家的天数。

没有人懂。唯有她懂，那一颗一颗的蚕豆，是他想她的心。九十二颗蚕豆，九十二种想念。如果蚕豆会说话，它一定会对她说，我爱你。那是他用一生凝聚起来的语言。

九十二颗蚕豆，从此，成了她最最宝贝的珍藏。

黑白世界里的纯情时光

这是几十年前的旧事了。

那个时候,他二十六七岁,是老街上唯一一家电影院的放映员。也送电影下乡,一辆破旧的自行车,载着放映的全部家当——放映机、喇叭、白幕布、胶片。当他的身影离村庄还隔着老远,眼尖的孩子率先看见了,他们一路欢叫:"放电影的来喽——放电影的来喽——"是的,他们称他,放电影的。原先安静如水的村庄,像谁在池心里投了一把石子,一下子水花四溅。很快,他的周围围满了人,男的,女的,老的,少的。一张张脸上,都蓄着笑,满满地朝向他。仿佛他会变魔术,哪里的口袋一经打开,他们的幸福和快乐,全都跑出来了。

她也是盼他来的。村庄偏僻,土地贫瘠。四季的风瘦瘦的,甚至连黄昏,也是瘦瘦的。有什么可盼可等的呢?一场黑白电影,无疑是心头最充盈的欢乐。那个时候,她二十一二岁,村里的一枝花。媒人不停地在她家门前穿梭,却没有她看上的人。

直到遇见他。他干净明亮的脸,与乡下那些黝黑的人,是多么不同。他还有好听的嗓音,如溪水丁冬。白幕布升起来,他对着喇叭调试音响,四野里回荡着他亲切的声音:"观众朋友们,今晚放映故事片《地道战》。"黄昏的金粉,把他的声音染得金光灿烂。她把那声音裹裹好,放在心的深深处。

星光下，黑压压的人群。屏幕上，黑白的人，黑白的景，随着南来北往的风，晃动着。片子翻来覆去就那几部，可村人们看不厌，这个村看了，还要跟到别村去看。一部片子，往往会看上十来遍，看得每句台词都会背了，还意犹未尽地围住他问："什么时候再来呀？"

她也到处跟他后面去看电影，从这个村，到那个村。几十里的坑洼小路走下来，不觉苦。一天夜深，电影散场了，月光如练，她等在月光下。人群渐渐散去，她听见自己的心，敲起了小鼓。终于等来他，他好奇地问："电影结束了，你怎么还不回家？"她什么话也不说，塞他一双绣花鞋垫。鞋垫上有双开并蒂莲，是她一针一线，就着白月光绣的。她转身跑开，听到他在身后追着问："哎，你哪个村的？叫什么名字？"她回头，速速地答："榆树村的，我叫菊香。"

第二天，榆树村的孩子，意外地发现他到了村口。他们欢呼雀跃着一路奔去："放电影的又来喽！放电影的又来喽！"她正在地里割猪草，听到孩子们的欢呼，整个人过了电似的，呆掉了，只管站着傻傻地笑。他找个借口，让村人领着来找她。田间地头边，他轻轻唤她："菊香。"掏出一方新买的手绢，塞给她。她咬着嘴唇笑，轻轻叫他："卫华。"那是她揣在胸口的名字。其时，满田的油菜花，噼里啪啦开着，如同他们一颗爱的心。整个世界，流金溢彩。

他们偷偷约会过几次。他问她："为什么喜欢我呢？"她低头浅笑："我喜欢看你放的电影。"他执了她的手，热切地说："那我放一辈子的电影给你看。"这便是承诺了。她的幸福，像撒落的满天星斗，颗颗都是璀璨。

他被卷入一场政治运动中，是一些天后的事。他有个舅舅在国外，那个年代，只要一沾上国外，命运就要被改写。因舅舅的牵连，他丢了工作，被押送到一家劳改农场去。他与她，音信隔绝。

她等不来他。到乡下放电影的，已换了他人，是一满脸络腮胡子的中年男人。她好不容易找到机会，拖住那人问，他呢？那人严肃地告诉她，他犯事了，最好离他远点儿。她不信，那么干净明亮的一个人，怎么会犯事呢？她跑去找他，跋涉数百里，也没能见上一面。这个时候，说媒的又上门来，对方是邻村书记的儿子。父母欢喜得很，以为高攀了，赶紧张罗着给她订婚。过些日子，又张罗着结婚，强逼她嫁过去。

新婚前夜，她用一根绳子拴住脖子，被人发现时，胸口只剩一口余气。她的世界，从此一片混沌。她的灵动不再，整天蓬头垢面地，站在村口拍手唱歌。村里的孩子，和着声一齐叫："呆子！呆子！"她不知道恼，反而笑嘻嘻地看着那些孩子，跟着他们一起叫："呆子！呆子！"一派天真。

几年后，他被释放出来，回来找她。村口遇见，她的样子，让他泪落。他唤："菊香。"她傻笑地望着他，继续拍手唱她的歌——她已不认识他了。

他提出要带她走。她的家人满口答应，他们早已厌倦了她。走时，以为她会哭闹的，却没有，她很听话地任他牵着手，离开了生她养她的村庄。

他守着她，再没离开过。她在日子里渐渐白胖，虽还混沌着，但眉梢间，却多了安稳与安详。又几年，电影院改制，他作为老职工，可以争取到一些补贴。但那些补贴他都没要，提出的唯一要求是，放映机归他。谁会稀罕那台老掉牙的放映机呢？他如愿以偿。

他搬回放映机，找回一些老片子，天天放给她看。家里的白水泥墙上，晃动着黑白的人，黑白的景。她安静地看着，眼光渐渐变得柔和。一天，她看着看着，突然喃喃一声："卫华。"他听到了，喜极而泣。这么多年，他等的，就是她一句唤。如当初相遇在田间地头上，她咬着嘴唇笑，轻轻叫："卫华。"一旁的油菜花，开得噼里啪啦，满世界的流金溢彩。

我在戏里面与你相会

祖父年轻时，曾在大上海的十里洋场待过，拉黄包车讨生活。那个时候，他已娶了我祖母，不知怎的一个人跑去上海。动乱年代，家乡闹饥荒，祖母看着饿得面黄肌瘦的我父亲，狠狠心，把当时只有四五岁的我父亲，塞到一条去上海的船上，托人带去上海找祖父。

祖父那时迷听戏，辛苦拉车挣来的钱，几乎全扔进戏院里。到了大上海的父亲，跟着祖父，没有预想中的饱肚子。戏台上水粉一片，花红柳绿。戏台下，卖油饼的，提着篮子，挨个叫卖，那香味儿，把父亲小小的心，缠绕了又缠绕。父亲眼巴巴看着油饼，拽着祖父的衣袖叫："父，我饿。"祖父两眼仍紧紧盯着台上，他的眼里，映着一个水粉世界的花红柳绿，哪里顾得了尘世的饥饿愁苦，他哄父亲："乖，好好听戏就不饿了。"

父亲最终没能抵得了饿，跑回乡下祖母身边。走时祖父也不曾挽留，问别人借了钱，买了十个油饼揣父亲身上，就让他跟一个回乡的老乡走了。

祖父就这样，一个人待在上海，乡下的一个家，他是不去想的，他沉醉在他的戏里面。祖母带着一帮孩子，吃尽苦头。给他写家书，说乡下日子难。祖父回，挨挨就过去了。如此的不负责任，让祖母一想起就泪落如雨。

祖母是怨祖父的，那种怨里，带了恨。我有记忆时，祖父早已从上海回到乡下来了，和我们一家子一起过。他还是喜热闹。乡下热闹少，偶尔也有演戏的过来，搭一戏台子唱戏。戏唱得粗糙，只穿着家常衣裳，在戏台子上咿咿呀呀。祖父全然不顾祖母的骂，追了去看，看得津津有味。看完，他会跟我们描绘当年大上海戏院的繁华，"那些唱腔做功，才叫好。"祖父说。祖母在一边听见，气不打一处来，嘴里就骂："死老头子，你就知道你一人快活！"祖父便顿了话题，讪讪地笑。

并不曾留意，祖父和祖母之间，什么时候变得亲密起来。我外出求学，一日一日离家远去，偶尔回家，总看到两个老人，在檐下忙着，一个择菜，一个必扫地。一个上锅，一个必烧火。最有趣的是他们间的称呼全变了，祖母不再叫祖父"死老头子"，而是称他"爹爹"。祖父则称祖母"奶奶"。

我工作后，拿到第一个月工资，给祖父买了台红灯牌收音机。祖父欢喜得很，整日捧手上，听里面的人唱戏。祖父喜欢的是京剧，祖母喜欢的却是越剧，祖父竟舍了自己的喜欢，跟祖母后面听越剧。什么时候什么台播越剧，他们比谁都清楚。一到播放时间，两人就搬了凳子，紧挨到一起听。收音机里，祝英台在唱："观音大士媒来做啊，我与你梁兄来拜堂。"梁山伯生气了，回："贤弟越说越荒唐，两个男子怎拜堂？"我祖母听到这儿，跺脚叹，一迭声说："傻子傻子，她是女的扮的呀。"祖父在一边，笑呵呵看她。那样的画面，很和谐，很柔软。

是的，除了柔软，我想不到别的词来形容他们在一起的样子。两人的眉眼里，有了相似的东西，是大浪淘尽后的安宁。曾经的怨恨，早已消失殆尽。亲人间，还有什么不可原谅的？他们成了相依为命的两个。祖母偶去亲戚家待一两天，祖父必在门口一日数回望，望不回，就马上追了去，直到缠着祖母回家来。

老了的祖父，对祖母很依恋，一生的爱仿佛这时才觉醒了，他会走上大半天的路，只为去买祖母喜欢吃的薄荷糖。他也给祖母买新鞋新衣裳，尺寸竟是不大不小，正正好。温暖的冬阳下，他们一起做寿衣。绸缎的料子，上面歇着绛色的花朵。祖母说："爹爹，这料子好啊。"祖父回应："是啊，奶奶，这料子好啊。"他们一起用手摩挲着布料，神态安详且满足。满世界的太阳光，小绒毛似的，静静飘落。

祖母去世得很突然，下午还好好的，还和祖父一起给一只羊喂了草的。到了晚上，她说头晕，人就倒下去了，再没醒过来。祖父一直拉着她的手，大家硬把他拉开去，给祖母换上寿衣，祖父这才惊醒过来，他哭叫一声："奶奶，你不要丢下我走啊。"人就整个跪下去了，匍匐到地上，拼命朝躺着的祖母磕头，头磕破了，还是磕。他的眼泪成串成串流，只没有话。

祖母火化后，祖父变得沉默了，他整天呆呆坐着，对着一处看。只到饭时，他才醒悟过来似的，蹒跚着去，先盛一碗饭，摆到祖母遗像前，他说一声："奶奶，吃饭啦。"然后守在一边等，仿佛祖母会听到似的，端起碗，乖乖吃他递给她的饭。他估摸着祖母差不多"吃"完了，就前去，再说声："奶奶，我收碗啦。"把祖母遗像前的饭碗端走，自己吃掉。要给他另盛饭，他不许，说："我帮奶奶吃剩饭碗呢。"

我回家，从没跟我提过要求的祖父，却要我买一台红灯牌收音机给他。原来的那台，已坏掉。他以为，只有这样的收音机里，才会时时有戏听。

我没找到红灯牌的收音机卖，那种牌子的收音机，早被淘汰掉了。我给祖父买了一款新式的，效果相当好。我帮祖父搜索到唱戏的台，比画着告诉祖父，有戏可听呢。祖父看懂我的手势，一把接过收音机，紧紧抱进怀里面，有失而复得的欢喜。他不停地抚着收音机，一遍遍。褶皱如核桃的脸上，慢慢现出笑来，他喃喃说："奶奶啊，有戏可听喽。"他的眼神渐渐变得迷离、幽远、沉醉：那里，戏正唱得热闹，他在戏里面，与祖母相会。

九十高龄的祖父，那个时候，已耳聋好几年了。

咫尺天涯，木偶不说话

"她"叫红衣。

"他"叫蓝衣。

他们从"出生"起，就同进同出，同卧同眠。简陋的舞台上，"她"披大红斗篷，葱白水袖里，一双小手轻轻弹拨着琴弦。阁楼上锁愁思，千娇百媚的小姐呀，想化作一只鸟飞。"他"一袭蓝衫，手里一把折扇，轻摇慢捻，玉树临风，是去京赶考的书生。湖畔相遇，花园私会，缘定终身。秋水长天，却不得不分别。"她"盼"他"归，等瘦了月亮。"他"金榜题名，携了凤冠霞帔回来迎娶"她"，有情人终成眷属。观众们长舒一口气。剧终。"她"与"他"，携手来谢幕，鞠一个躬，再鞠一个躬。舞台下掌声与笑声，同时响起来，哗啦啦，哗啦啦。

那时，"她"与"他"，每天都要演出两三场，在县剧场。木椅子坐上去咯吱吱，头顶上的灯光昏黄而温暖。绛红的幕布徐徐拉开，正宗的金丝绒呢，高贵华丽。戏就要开场了。小小县城，娱乐活动也就这么一点儿，大家都爱看木偶戏。工厂包场，学校包场，单位包场。乡下人进城来，也都来赶趟热闹。剧场门口卖廉价的橘子水，还有爆米花。有时也有红红绿绿的气球卖。进场的孩子，一人手里拿一只，高兴得不得了。

幕后，是她与他。一个剧团待着，他们配合默契，天衣无缝。她负责红衣,她是"她"的血液。他负责蓝衣,他是"他"的灵魂。全凭着他们一双灵巧的手,牵拉弹转,演绎人间万般情爱,千转万回。一场演出下来,他们的手酸得麻木,心却欢喜得开着花。木盒子里,她先放进红衣,他把蓝衣跟着放进去,让"他们"并排躺着。他在"他们"脸上轻抚一下,再轻抚一下。她在一边看着笑,他抬头,回她一个笑,彼此就很心安了。

都正年轻着。她人长得靓丽,歌唱得好,在剧团被称作金嗓子。他亦才华不俗,胡琴拉得很出色,木偶戏的背景音乐,都是他创作的。偏偏他生来聋哑,丰富的语言,都给了胡琴,给了他的手。他的手,白皙修长,注定是拉琴和演木偶戏的。她的目光,常停留在他那双手上,在心里面暗暗叹,真美啊。

待一起久了,不知不觉情愫暗生。他每天提前上班,给她泡好菊花茶,等着她。小朵的白菊花,浮在水面上,淡雅柔媚,是她喜欢的。她端起喝,水温刚刚好。她常不吃早饭就来上班,他给她准备好包子,有时会换成烧饼。与剧场隔了两条街道,有一家周二烧饼店,做的烧饼很好吃。他早早去排队,买了,里面用一张牛皮纸包了,牛皮纸外面,再包上毛巾。她吃到时,烧饼都是热乎乎的,刚出炉的样子。

她给他做布鞋。从未动过针线的人,硬是在短短的一周内,给他纳出一双千层底的布鞋来。布鞋做成了,她的手指,也变得伤痕累累——都是针戳的。

这样的爱,却不被俗世所容,流言蜚语能淹死人,都说好好一个女孩子,怎么爱上一个哑巴呢?两人之间的关系肯定不正常。她的家里,反对得尤为激烈。母亲甚至以死来要挟她。最终,她妥协了,被迫匆匆嫁给一个烧锅炉的工人。

日子却不幸福。锅炉工人高马大,脾气暴躁。贪酒杯,酒一喝多了就打她。她不反抗,默默忍受着。上班前,她对着一面铜镜理一理散了的发,把脸上青肿的地方,拿胶布贴了。出门有人问及,她淡淡一笑,说:

"不小心磕破皮了。"贴的次数多了，大家都隐约知道内情，再看她，眼神里充满同情。她笑笑，装作不知。台上红衣对着蓝衣唱："相公啊，我等你，山无陵，江水为竭。冬雷震震，夏雨雪，天地合，乃敢与君绝。"她的眼眶里，慢慢溢满泪，牵拉的手，上上下下，左左右右。心在那一条条细线上，滑翔跌宕，是无数的疼。

他见不得她脸上贴着胶布。每看到，浑身的肌肉会痉挛。他烦躁不安地在后台转啊转，指指自己的脸，再指指她的脸，意思是问，疼吗？她笑着摇摇头。等到舞台布置好了，回头却不见了他的人影。去寻，却发现他在剧场后的小院子里，正对着院中的一棵树擂拳头，边擂边哭。她站在两米外，心里的琴弦，被弹拨得咚咚咚。耳畔响起红衣的那句台词："冬雷震震，夏雨雪，天地合，乃敢与君绝。"

白日光照得着两个人。风不吹，云不走，天地绵亘。

不是没有女孩喜欢他。圆脸，一笑，嘴两边现出两个浅浅的酒窝。那女孩常来看戏，看完不走，跑后台来看他们收拾道具。她很中意那个女孩，认为很配他。有意撮合，女孩早就愿意，说喜欢听他拉胡琴。他却不愿意。她急："这么好的女孩你不要，你要什么样的？"他看着她，定定地。她脸红了，低头，佯装没懂，嘴里说："我再不管你的事了。"

以为白日光永远照着，只要幕布拉开，红衣与蓝衣，就永远在台上，演绎着他们的爱情。然而某天，剧场却冷清了，无人再来看木偶戏。出门，城中高楼，一日多于一日。灯红酒绿的繁华，早已把曾经的"才子"与"佳人"淹没了。剧场经营不下去了，先是把朝街的门面租出去，卖杂货卖时装。他们进剧场，要从后门走。偶尔有一两所小学校，来包木偶戏给孩子们看。孩子们看得索然无趣，他们更愿意看动画片。

剧场就这样，冷清了。后来，剧场转承给他人。剧团也维持不下去了，解散了。解散那天，他执意要演最后一场木偶戏。那是唯一一场没有观众的演出，他与她，却演得非常投入，牵拉弹转，分毫不差。台上红衣唱："冬雷震震，夏雨雪，天地合，乃敢与君绝。"她和他的泪，终于滚滚而下。此一别，便是天涯。

她回了家。彼时，她的男人也失了业，整日窝在十来平方米的老式平房里，喝酒浇愁。不得已，她走上街头，在街上摆起小摊，做蒸饺卖。曾经的金嗓子，再也不唱歌了，只高声叫卖："蒸饺蒸饺，五毛钱一只！"

他背着他的胡琴，带着红衣蓝衣，做了流浪艺人。偶尔回来，在街上遇见，他们怅怅对望，中间隔着一条岁月的河。咫尺天涯。

改天，他把挣来的钱，全部交给熟人，托他们每天去买她的蒸饺。他舍不得她整天站在街头，风吹日晒的。就有一些日子，她的生意，特别的顺，总能早早收摊回家。——他能帮她的，也只有这么多。

入冬了。这一年的冬天，雪一场接一场地下，冷。她抗不住冷，晚上，在室内生了炭炉子取暖。男人照例地喝闷酒，喝完躺倒就睡。她拥在被窝里织毛线，是外贸加工的，冬天，她靠这个来养家糊口。不一会儿，她也昏昏沉沉睡去了。

早起的邻居来敲门，她在床上昏迷已多时。送医院，男人没抢救得过来，当场死亡。她比男人好一些，心跳一直在。经过两天两夜的抢救，她活过来了。人却痴呆了，形同植物人。

起初，还有些亲朋来看看她，在她床前，叫着她的名字。她呆呆地看着某处，脸上无有表情，不悲不喜。她不认识任何人了。大家看着她，唏嘘一回，各自散去，照旧过各自的日子。

没有人肯接纳她，都当她是累赘。她只好回到八十多岁的老母亲那里。老母亲哪里能照顾得了她？整日里，对着她垂泪。

他突然来了，风尘仆仆。五十多岁的人了，脸上身上，早已爬满岁月的沧桑。他对她的老母亲"说"："把她交给我吧，我会照顾好她的。"

她的哥哥得知，求之不得，让他快快把她带走。他走上前，帮她梳理好蓬乱的头发，抚平她衣裳上的褶子，温柔地对她"说"："我们回家吧。"三十年的等待，他终于可以在光天化日之下，牵起她的手。

　　他再没离开过她。他给她拉胡琴，都是她曾经喜欢听的曲子。小木桌上，他给她演木偶戏，他的手，已不复当年灵活，但牵拉弹转中，还是当年好时光：悠扬的胡琴声响起，厚重的丝绒幕布缓缓掀开，红衣披着大红斗篷，蓝衣一袭蓝衫，湖畔相遇，花园私会，眉眼盈盈。锦瑟年华，一段情缘，唱尽前世今生。

格桑花开的那一天

在进入渺无人烟的大草原深处之前,他的心,是空的。他曾无数次想过要逃离的尘世,此刻,被远远抛在身后。他留恋它吗?他不知道。

远处的山,白雪盈顶,像静卧着的一群羊,终年以一副姿势,静卧在那里。鸟飞不过。不倦的是风,呼啸着从山顶而来,再呼啸着而去。

他想起临行前,与妻子的那场恶吵。经济的困窘,让曾经小鸟依人的妻子,一日一日变成河东狮吼,他再也感觉不到她的一丝温柔。这时刚好一个朋友到大草原深处搞建筑,问他愿不愿意一同去。他想也没想,就答应了。从此,关山路遥,抛却人世无尽烦恼。

可是,心却堵得慌。同行的人说,到草原深处后,就真正与世隔绝了,想打电话,也没信号的。他望着小巧的手机,一路上他一直把它揣在掌心里,揣得汗渍渍的。此刻,万言千语,突然涌上心头,他有强烈倾诉的欲望。他把往昔的朋友在脑中筛了个遍,也找不到一个可以说话的。他亦不想把电话打给妻,想到妻的横眉立目,他心里还有挥之不去的阴影。后来,他拨了家乡的区号,随手按了几个数字键,便不期望着有谁来接听。

但电话却很顺利地接通了,是一个柔美的女声,唱歌般地问候他,你好。

他慌张得不知所措，半晌，才回一句，你好。

接下来，他也不知哪来的勇气，不管不顾对着电话自说自话，他说起一生的坎坷，他是家里长子，底下兄妹多，从小就不被父母疼爱。父母对他，从没有好言好语过，唯一一次温暖，是十岁那年，他掉到水里，差点儿淹死。那一夜，母亲把他搂在怀里睡。此后，再没有温存的记忆。十六岁，他离开家乡外出打工，省吃俭用供弟妹读书，弟妹都长大成人了，过得风风光光，却没一个念他的好。后来，他凭双手挣了一些钱，娶了妻，生了子，眼看日子向好的方向奔了，却在跟人合伙做生意中被骗，欠下几十万元的债。他万念俱灰了。他一生最向往的是大草原，现在，他来了，就不想回了，他要跟这里的雪山，消融在一起。

你在听吗？他说完，才发觉电话那端一直沉默着。

在呢。好听的女声，像温柔的春风，拂过他的心田。竟一点儿也没惊讶于他的唐突与陌生，她老朋友似的轻笑着说，听说大草原深处有一种很漂亮的花，叫格桑花的。

他沉重的话题里，突然的，有了花香在里头。他笑了，说，我也没见过呢，要等到明年春天才开的。

那好，明年春天，当格桑花开了的时候，你寄一束给我看看好吗？她居然提出这样的要求。他的心，无端地暖和起来……

后来，在草原深处，无数的夜晚，当他躺在帐篷里睡不着的时候，他会想起她的笑来，那个陌生的、柔美的声音，成了他牵念的全部。他想起她要看的格桑花，他想，无论如何，他一定要好好活到明年春天，活到格桑花开的那一天，他答应过她，要给她寄格桑花的。

这样的牵念，让他九死一生。那一日，大雪封门，他患上了重感冒，躺在帐篷里奄奄一息。同行的人，都以为他撑不过去了。但隔日，他却坐了起来。别人都说是奇迹，只有他知道，支撑他的，是梦中的格桑花，是她。

还有一次，天晚，回归。在半路上与狼对峙。是两只狼，大概是一公一母，情侣般的。狼不过在十步之外，眼睛里幽幽的绿光，快把他淹没了。他握着拳头，想，完了。脑子中，一刹那滑过的是格桑花。他几乎要绝望了，但却强挺着，一动不动地看着狼。对峙半天，两只狼大概觉得不好玩了，居然头挨头肩并肩地转身而去。他把这一切，都写在日记里，对着陌生的她倾诉。他不知道，在遥远的家乡，那个陌生的她，偶尔会不会想到他。这对他来说不重要了，重要的是，他答应过她，要给她寄格桑花的，他一定要做到。

好不容易，春天回到大草原。比家乡的春天要晚得多，在家乡，应该是姹紫嫣红都开遍了罢？他心里，还是有了欣喜，他看到草原上的格桑花开了，粉色的一小朵一小朵，开得极肆意极认真，整个草原因之醉了。他双眼里涌上泪来，突然地，很是思念家乡。他采了一大把格桑花，从中挑出开得最好的几朵，装进信封里，给她寄去。随花捎去的，还有他的信。在信中，他说起在草原深处艰难的种种，而在种种艰难之中，他看到她，永远是一线光亮，如美丽的格桑花一样，在远处灿烂着，牵引着他。他说，我没有姐姐，能允许我冒昧地叫你一声姐姐吗？姐姐，我当你是荒凉之中甘露的一滴！

她接信后，很快给他复信了。在信中，她说她很开心，上天赐她这么一个到过大草原的弟弟。她说，格桑花很美，这个世上，美好的东西还有很多很多，让人留恋。她说，事情也许并不像他想象的那么糟糕，如果在草原待腻了，就回家吧。

这之后，他们开始书信来往。她在他心中，成圣洁的天使。一次，他从一个草原迁往另一个草原途中，看到一幅奇异的景象，层峦叠嶂中，独有一座山峰白雪皑皑、晶莹璀璨，而它的四周，皆是灰暗光秃着的。他立即想到她，对着那座山峰大喊着她的名字。四野寂静，在那寂静里，久久回荡着他的喊声。他为自己感动得泪流满面。他把这些，告诉了她，志忐地问，你不会笑我吧？我把你当作血缘之中的姐姐了。她感动，说，哪里会？只希望你一切好，你好，我们大家便都好。这样的话，让他温暖，他向往着与她见面，渴盼着看到牵念中的人，到底是怎样的模样。她知道了，笑，说，想回，就回呗，尘世里，总有一处能容你的地方，何况，还有姐姐在呢？

他就真的回了。当火车抵达家乡的小站时，他没想到的是，妻子领着儿子老早就守在站台上，一看到他，泪眼婆娑扑向他。一年多的离别，妻子最大的感慨是，一家人在一起，才是最幸福的事。那一刻，他从未轻易掉的泪，掉落下来。他重新拥抱了幸福。他知道，这一切，都是她安排的。

他去见她，出乎意料的是，她竟是一个比他小七岁的小女人。但这又有什么关系呢？在他心中，她是他永远的姐姐。他站定，按捺不住激动的心，问她，我可以拥抱一下你吗？

她点头。于是他上前，紧紧拥抱了她。所有的牵念，全部放下。他在她耳边轻声说，姐姐，谢谢你，从今后，我要自己走路了。回头，是妻子的笑靥儿子的笑靥，天高着，云淡着。

尘世里，我们需要的，有时不过是一个肩头的温暖。在我们灰了心的时候，可以倚一倚，然后，好有勇气，继续走路。

花样年华

这个故事,是我七十岁的老父亲讲给我听的。

故事的主人公,是我父亲小学时的同学。他们多年不遇了,某天,这个老同学突然找了来。两个须发皆白的老人,在秋日的黄昏下,执手相看,无语凝噎。岁月的风,呼啦啦吹过去,就是一辈子。

他来,是要跟我父亲讲一个天大的秘密。他怀揣着这个秘密,日夜煎熬。这个秘密,不可以对妻讲,不可以对儿女讲,不可以对亲戚朋友讲。唯一能告诉的,只有我父亲这个老同学了。

我父亲搬出家里唯一一瓶陈年老酒,着我母亲炒了一碟花生米和一碟鸡蛋,他们就着黄昏的影子,一杯一杯饮。夕照的金粉,洒了一桌。我父亲的老同学,缓缓开始了他的叙述。

四十多年前,他还是个身材挺拔的年轻人,额角光滑,眼神熠熠。那时,他在一所中学任代课教师,课上得极有特色,深得学生们热爱。

亦早早结了婚,奉的是父母之命,媒妁之言。女人是邻村的,大字不识一个,性格木讷,但长得腰宽臀肥。父母极中意,认为这样的媳妇干活是一把好手,会生孩子,能旺夫。他是孝子,父母满意,他便满意。

婚后,他与女人交流不多,平常吃住在学校,只周末才回家。回家了,也多半无话。他忙他的,备课,改作业。女人忙女人的,家里鸡鸭猪羊一大堆，田里的庄稼活也多。女人是能干的，把家里家外收拾得妥妥帖帖。他对这样的日子，没有什么可嫌弃的，直到他陷入到一个女学生的爱情中。

女学生是别班的，十九岁，个子高挑，性格活泼，能歌善舞。学校元旦文艺演出，他和她分别是男女主持。她伶俐的口才，洒脱的台风，让他印象深刻。他翩翩的风采，磁性的嗓音，让她着迷。那之后，他们渐渐走近了。说不清是什么感觉，见到她，他是欢喜的，仿佛暮色苍苍之中，一轮明月突然升起，把心头照得华美透亮。她更是欢喜的，看见他，一个世界都是金光闪闪的。她悄悄给他织围巾和手套，从家里做了雪菜烧小鱼带给他。课余时间，他们一起畅谈古今中外名著，一起弹琴唱歌。花样年华，周遭的每一寸空气，都是香甜的。

他们爱了。在女学生毕业的时候，他犹豫再三，回去跟女人提出离婚。女人低头切猪草，静静听，一句话也没说。却在他回学校之后，用一根绳子结果了自己的性命。

晴天里一声霹雳，就这样轰隆隆炸下来，他的生活，从此无法复原。女学生悄然远走，像一粒尘，掉进沙砾中，转瞬间消失得无影无踪。他背负着"陈世美"的骂名，默默独自生活了十年后，才又重新娶妻。妻是外乡人，忠厚老实，不介意他的过往。就冲着这一点，他对妻是终身感激的。

很快，他有了儿子。隔两年，又有了女儿。儿子渐渐大了。女儿渐渐大了。小家屋檐下，他勤勤恳恳生活着。年轻时那场痛彻心扉的爱情，早已模糊成一团烟雾。偶尔飘过来，他会怔上一怔，像想别人的事。那个女学生的面容，他亦记不起了。

他做梦也没想过他们会重逢。当年，她与他分手时，已怀上他的孩子。她没告诉他，一个人远走他乡，生下儿子。因心里念着他，她一直没结婚，历尽千辛万苦，独自抚养大了儿子。儿子很争气，一路读书读到博士,漂洋过海去了美国创业,自己开一家公司,生意做得如火如荼。

她把一切对儿子和盘托出,携了儿子来寻他。老街上,竟与在购物的他不期而遇。隔着人群,她一眼认出他,走到他跟前,颤抖着问,你认得我吗?他傻愣愣地看着眼前这个华贵的妇人,摇摇头。

她的泪,落下来,纷乱如雨。她只说一句,你还记得当年的那个女学生吗?再说不出第二句话来。他只听到哪里"啪啦"一声,记忆哗啦啦倾倒下来,瞬息间把他淹没。以为已遗忘掉的,却不料,轻轻一触,往昔便如柳絮纷飞,漫山遍野都是。

她说,等了一辈子,只求晚年能够在一起,哪怕不要名分,就砌一幢房,傍着他住,日日看见,便是心安。或者,他们一起去美国,和儿子在一起。他的心被铰成一块一块,他多想说,好,我不会再让你等了。却不能。他有妻在家,他不能丢下。

她怅然离去。离去后不久,美国的儿子来电,说她走了。来见他时,她已身患绝症。死前绝食,说生的无趣。却一再关照儿子,要每月记得给他寄钱用。

他躲到没人处,痛哭一场,曾经的花样年华,都当是一场梦。回家,妻端水上前,惊问,你的眼睛怎么红了?他答非所问,环顾左右,说,饭熟了吧?我们吃饭吧。

你在，就心安

祖母八十六岁的时候，耳还不背，眼也不花，还可以在屋内眯缝着眼做针线。大她两岁的祖父却不行，一步已挪不了两寸了。他总是安静地坐在院门口晒太阳，一坐就是大半天。

两个人，不过隔着一屋远的距离，祖母却每隔十来分钟，要大着声唤一声祖父。"老头子！"祖母这样唤。有时祖父听见了，会应一声"哎"。祖母笑，仍旧低了头，做她的针线活。有时祖父不应，祖母就会急，迈着细碎的步，走出门去看，看到祖父好好的，正在太阳下打着盹呢。祖母就笑嗔："这个死老头子，人家喊了也不睬。"

我笑她："你也不怕烦，老这么喊来喊去的做什么？"祖母抬头看我一眼，宽容地笑，说："儿啊，你不懂的，知道他好好地在着呢，才心安的。"

心，在那一刻，被濡湿了，是花蕊中的一滴露。原来，幸福不过是这样的，你在，就心安的。粗茶淡饭有什么要紧？年华老去有什么要紧？只要你在，幸福就在。

我想起三毛和荷西来，那对爱情神话中的人儿。那时，她在灯下写字，他在一边看书，两个人有一搭没一搭地说着话。是不是偶尔，她一抬头，叫一声"荷西"。亲爱的那个人，会缓缓回过头来，看她一眼。也没有多话，只温暖地交换一下眼神，然后，她继续快乐地写字，他继续迷醉地看书。但却有厚实的东西，填满了他们的心。你在，就心安的，这是人世间最最温馨的相伴。后来荷西走了，她在灯下，再也唤不回他回眸的温暖了。尘世间再美的风景，也与她无关，她的心，是空的。十年后的一天，她终追了他去。

曾听一个女人讲过这样一件事，说她的男人夜里睡觉时喜欢打呼噜，多年了，她早已习惯了他的呼噜声，每夜都是在他的呼噜声中安然入睡，一觉睡到大天亮。偶尔的，她的男人不打呼噜了，她倒很不习惯了，必定三番五次醒过来，不时伸手去摸他，摸到他正均匀地呼吸着，她才放下心来，迷迷糊糊继续睡，也还是睡不踏实。直到他的呼噜声再次响起，她才如释重负，哎呀，老天爷，你终于又打呼噜了。

初听时，以为笑话。细想之下，却莫名的感动。人世间的爱情，莫不如此，就是亲爱的人，你必得在我眼睛看到的地方，在我耳朵听到的地方，在我手能抚到的地方，好好地活着。你在，就心安的。只要你在，整个世界，就在。

我用我的明媚等着你

她是我在住院时认识的。

因那人总是低烧不断,我们在医院住了一段日子。一个病房同住的,是她和她的丈夫。一次意外的交通事故,她的丈夫被撞成重伤,经过抢救伤好了,人却沉睡不醒。医生说,可能要变成植物人。

这样的灾难掉到谁身上,谁都要呼天抢地一番,从此,愁云笼罩,天崩地塌,生活中再没有欢乐可言。然我初见她时,却大大吃了一惊,她太时髦太漂亮了。初冬的天,她一袭薄呢裙,亭亭玉立。脸上化着妆,唇上抹着鲜艳的口红,耳朵上垂挂着长长的耳坠,长头发盘在头上,刘海儿鬈鬈的,覆在额前——显然经过精心打理。

她在病房内唱歌,唱得很欢快。她讲很多的趣闻,说到开心处,兀自大笑不已。大家看她的眼神,都怪怪的,背后没少议论,说这个女人太没心没肺了,丈夫都成这个样子了,她还有心思打扮说笑。也预言,过不了多久,她肯定会抛夫另嫁。她有这个条件,人长得好看,又年轻,据说,还有一份不错的工作。大家对睡在病床上毫无知觉的她的丈夫,便抱了极大的同情,不住地感叹,夫妻本是同林鸟,大难临头各自飞。

倒是她,仿佛对眼前的不堪视而不见。每天,她总要抽出一些时间,溜出医院去。回来时,手里准会带回一些"宝贝"——淘来的衣,丈夫的,她的。或一些打折的首饰。或者，搬一盆花回来，一路灿烂着。花被她安放在病房的窗台上，精神抖擞地开着，或红或黄，把一个病房，映得水红粉黄。

午后时光，人犯困，她把淘来的宝贝们披挂在身，在我们跟前走T型台步，脸却朝向她的丈夫，频频笑问，你看我漂亮吗？很漂亮的是不？她的丈夫自然没有反应，她却乐此不疲地走着她的T型台步，乐此不疲地问着这些话。

深夜，我一觉睡醒，发现她不在病房内。我推开阳台的门，看见她坐在阳台上，望天。月到中天，淡淡的月光，在她身上，镀一层银粉。她看上去，像幽暗深处的瓷器，闪着清冷的光。她听到门响，转过脸来，我看到，一对"明月珠"，坠在她的腮旁——她在哭。

我愣住。她的苦痛，原是藏在深夜里，藏在无人处。她抱歉地对我说，吵醒你了？我说，没。也只能这样安慰她，他会醒过来的，一定会的。

她伸手抹抹眼睛，笑了，说，我知道他会醒的。他喜欢我打扮得漂漂亮亮的，他喜欢我开开心心的，所以，我要打扮得好看些，等他醒过来。

为之动容。再看月下的她，身上似乎有了圣洁的光芒，绵长绵长的。

两星期后，我们出院。她送我到医院门口，把一款淘来的毛衣链，塞到我手里。告诉我，配了怎样的线衣会好看。她像对我说，又像对她自己说，无论什么时候，我们都要漂亮啊，这样才会有好心情，好好活。

这之后，也偶有联系，我打电话去，或她打电话来。每次电话里，她都兴高采烈地向我描绘，她穿什么衣服了，她戴什么首饰了，她又淘到什么好宝贝了。我的眼前，便晃着一个年轻的女子，刘海儿鬈鬈的，口红抹得像朵盛开的花，长长的耳坠，晃动着。她漂亮得让人仰视。

春暖花开时，我把她给我的毛衣链找出来，配了她说的那种颜色的线衣，果真漂亮。她的电话，在这时响起，她喜极而泣地告诉我，他醒了。

我笑了，深深祝福了她。这是我意想中的结果，我从来不曾怀疑过，她一定会用她的明媚，唤醒他。

桃花芳菲时

正月十五闹花灯，年轻的三奶奶在街市上看花灯，相遇到英俊的三爹。电光火石般的，两颗年轻的心，爱了。不多久，三爹托了媒人上门。

三奶奶是三爹用大红花轿红盖头迎进门的，那时，满世界的桃花开得妖娆，三奶奶的婆婆——我们那未曾谋面过的老太，站在小院里，正仰望着一树桃花。帮佣的端着一盆莲子走过来，老太咧着嘴乐，说，好兆头，多子多孙。但三奶奶婚后，却无一子半嗣。

过年的时候，我们几个小孩子，被祖母一径领着，走上六七里的路，去给三奶奶拜年——这已是若干年后的事了。我们的老太，也早已作了古。祖母再三关照，看见三奶奶不要乱说乱动，要祝三奶奶健康长寿。

房间里的光线暗暗的，有一股浓浓的水烟味。黄铜的水烟台，立在床头柜上，形销骨瘦的样子。三奶奶盘腿坐在床上，倚着红绸缎的花被子。她是个瘦小的妇人，脸半隐在一圈幽暗里，看不分清。她朝着我们说，好孩子，谢谢你们来看奶奶。然后递过红包来，那是给我们的压岁钱。我们敛了气地候着，祖母却客气地推让，哪能要你的钱呢？

我们被祖母轰出房去，只留她们两个说话。我们乐得出去玩，门前有河，河上结冰，冰上散落着燃尽的爆竹屑。远远看去，像散落了一河的红花瓣。我们捡了泥块打冰漂。玩得肚子饿了，才想起已到饭时，回头去找祖母,只听得三奶奶幽幽地说,我可是他大红花轿红盖头娶进门来的。后面是长长久久的静穆,有叹息声,落花似的。我们倚了门,待一待,那大红花轿红盖头的场面,该是何等的热闹?而三奶奶,定也是个水灵灵的人罢。

从没见过三爷,他的人远在上海。兵荒马乱年代,祖父的弟兄,都跑到上海去苦生活。三爷也去了,先是在上海轮船码头做苦力,后来拉黄包车,再后来,去戏园子做看门人。在那里,三爷遭逢到他生命里的一场艳遇。

爱上三爷的女人,是经常去戏园子看戏的。英俊的三爷,穿着镶白边的红礼服,站在戏园子门口迎客,惹得路过的女人,频频相望。那个女人,在数次相望后,再路过三爷身边,她把她外面穿着的大衣脱下,塞到三爷手上。给我拿着,她用不容置疑的口吻说。三爷愕然,她回眸一笑。如此三两次,便熟识了。

后来,这个女人,成了三爷在上海的太太。三爷托人捎口信给三奶奶,说,我对不起你,你另择好人家嫁了吧。三奶奶大哭一场,却不肯离去,她把话捎去上海,我可是你大红花轿红盖头娶回家的。三爷听后,长叹一声,再无话。

家里有人去上海,回来说起三爷,多半摇头。三太太,家里人这样称三爷在上海的女人。三太太不是个善茬啊,三爷在家做不了主的,大人们在一起谈论时,如是说。

三太太不喜欢这边的人过去,一见到老家的人过去,她就在小阁楼里摔盆子。三奶奶给三爷做的布鞋,也被三太太给退了回来。三太太说,侬自己穿好了。那个时候,三爷已和三太太生了两儿两女,儿女们都大了。老家偶尔再去个人,三爷拼命拉着来人的手,不肯放,背地里直淌眼泪,说,见一回少一回哪。

也问起三奶奶,记忆里多半模糊。三爷说,她也老了吧?然后叹,我对不起她。一次，三爷瞒着三太太，塞了些钱给去看他的人，悄悄说，让她多买点吃的吧，告诉她，我死了后，一定葬在那边的。

回来的人，把三爷的话，说给三奶奶听，三奶奶抚被大恸，哭得撕心裂肺。大家都吓坏了，团团围住她，不知怎样相劝才好。三奶奶抽抽噎噎半天，才停下来，含泪笑了，说，孩子们，我这是高兴哪。

三爷在八十六岁高龄上，突患一场大病，医治无效。弥留之际，老家的人去看他，他问，她还好吧？再三恳求，他死了，一定要带着他的骨灰回去。平时冷面冷脸的三太太，也老了，这时仿佛看开许多，她知道，她守了一辈子的男人，只守住了他的身，却没守住他的心。她松口了，说，就依了他吧，想回去，就回去吧。

三爷的骨灰，被接回老家。三奶奶一早就梳洗打扮好了，稀疏的白发，掭得纹丝不乱。大红对襟袄穿着，是出嫁时穿的那件红嫁衣。她不顾大家的劝阻，踩着碎步，跑了很远的路去迎。她抱着三爷的骨灰盒，多皱褶的脸上，慢慢洇上笑来，笑成桃花瓣。她喃喃说，你这狠心的老头子，我可是你大红花轿红盖头娶进门来的，你却抛下我这些年，今天，你终于回来啦。一旁的人，听了，无不泪落。

两天后，三奶奶走了。她躺在床上，跟睡着了似的，身上穿着那件红嫁衣，枕旁放着三爷的骨灰盒，仪态端庄，面容安详。外面，一院子的桃花，开得正芳菲。

有一种爱，叫相依为命

有人做实验，把一只狼和一只刚出生的小羊放到一起养。所有人都不看好小羊的命运，觉得狼迟早会吃掉小羊。但结果却是，狼非但没有吃掉小羊，反而成了小羊最亲密的朋友。它们一起玩耍，一起嬉戏，形影不离。

实验结束后，工作人员把小羊牵走。这时，出现了感人的一幕：狼奋力扑到铁丝网上，对着铁丝网外的小羊长嗷不已，声音凄厉至极。小羊听到狼的叫唤，奋力挣脱绳索，反扑过来，哀哀应着。生离死别般的。

狼和羊原来也是可以相爱的啊，它们彼此的孤寂相互吸引，在日复一日的相处中，慢慢衍生出同病相怜风雨同舟的情感来。

狼和小羊的故事，让我想起我的祖父祖母。我的祖母身材修长，皮肤白皙，年轻时是出了名的美人。而我的祖父，个头矮小，皮肤黝黑，还罗圈腿。他们两个怎么看也不像般配的一对。我曾追问过祖母怎么会嫁给祖父。祖母笑着说，那个时候女人嫁人之前，根本就不知道自己要嫁的男人是什么样的，全凭父母做主，嫁鸡随鸡，嫁狗随狗。

在这种认定命运安排的前提下，我的祖父祖母过起了家常的日子，一路相伴着走下来，一生生育七个子女，都养大成人。老了的两个人，像两只老猫似的，相偎着坐在屋前晒太阳。偶尔，祖父出门溜达，祖母转眼见不到祖父，会着急地到处询问，老头子呢，老头子哪去了？

祖母八十二岁那年，生病住院开刀。家里人怕祖父担心，瞒他说祖母只是小病，在医院住两天就可以回家了，不让他去医院探望。祖父嘴上答应了，背地里却一个人骑了自行车，赶了三十多里的路，摸到医院去看望祖母。病床上的祖母仿佛有感应似的，忽然对我们说，老头子来了。大家不信，到门外去看，果真看到祖父，正喘着气颤巍巍地站在门外。

也曾听过这样一个故事：二十世纪六十年代，一大学教授被下放到边远乡村，在艰难困苦之中，和当地一农家姑娘结了婚。后落实政策，教授返城，恢复了原先的工作待遇，一时间"谈笑有鸿儒，往来无白丁"。他那边远乡村的妻，与他，便显得很是格格不入了。有人劝教授，和乡下的那个离了吧，找一个相配的，夫唱妇随多好。教授断然拒绝，说，我早已习惯了生活中有她在，她在，一个家才在。他坚持把大字不识一个的妻子，从乡下接到城里来，和她同进同出。

这世上，有一种最为凝重、最为浑厚、最为坚固的情感，叫相依为命。它与幸福离得最近，且不会轻易破碎。因为，那是天长日久的渗透，是融入彼此生命中的温暖。

一条棉布手绢

三月的桃花开得沸沸扬扬,他在一树桃花下叫住她,塞她一条棉布手绢。那是他特地去几十里外的老街上买的。手绢上,有小朵小朵的雏菊,眉眼盈盈,一如她的笑脸。

她收下手绢,细细折叠,贴身收好。四目相对,刹那之间,有阳光的河流,从远方奔流而来,泄泄溶溶。年轻的心,是在这条河流里雀跃的两尾鱼,波光粼粼,前世今生。

他念过几年书,识得不少字,喜欢看古书,喜欢跟人谈古。后面常跟着一帮孩子,追着要听他讲故事。他会讲三国,会讲水浒,会讲杨门女将。田间地头,他盘腿而坐,问,谁去帮我干活?孩子们齐齐举起手。他笑了,一声令下,孩子们便小鸡般的,散到地里面,帮他除草,帮他捉菜叶上的虫子。因为孩子们知道,干完活,就有故事可听了。他逍遥得很,独抱一本书,躺在草地上,慢悠悠地看。

他的故事,吸引的不仅仅是孩子,成人们也常常丢下正在干的活,站一边入神地听。每每讲到紧要关头,他都要故意卖关子,眼皮朝天上翻翻,说,欲知后事如何,请听下回分解。这真是急人!他便常被一些人簇拥着问,后来呢,后来那个烧火的丫头上战场了没?

她也是听故事的人中的一个。故事她没听进去多少,她的关注点,更多的是在他身上。正在讲故事的他，身上像罩着光，一袭青衫，眉眼飞扬，风流倜傥。他的身后，狗尾巴草站成一排，人一样地在聆听。天蓝云白，煦风和畅。乡村的旷野，真是辽阔，青绿的庄稼，青绿的草，一直铺到天边去了。

他知道她在看他，不时地冲着她笑笑。人群里，她显得那么与众不同，一张苹果脸，眼睛又大又黑，像装了两口池塘。一碰到他的目光，她总是害羞地微微低了头。他在心里用花来形容她，桃花？不对，她没那么张扬。荷花？不对，她没那么冷艳。木槿？不对，她没那么柔弱。小菊花？对，她就像朵小菊花。

他在心里这么编排着她的时候，她并不知，只微微低了头，听他讲故事。他一个故事说完，又多讲一个，是个美好的传说——七仙女和董永的故事，专门讲给她听的。她似乎听懂了，一颗心像蹦跳的小鹿似的，脸也跟着红了。

他们好上了。避开众人耳目，月下相见。沟边河畔相见。草垛后相见。天不在了，地不在了，世上万物都不在了，在的，唯有眼前的这个人，你就是我的火，我的水，我的万物。

这个时候，相亲的却上了他家的门，大辫子的姑娘，面皮白。一家人欢天喜地的，围着姑娘转。家徒四壁，能有漂亮姑娘愿意上门，这是天大的恩赐啊。他却看也没看那姑娘一眼，一口回绝。母亲伤心得捶胸顿足，他也不肯回头。

村里渐渐地，风传他和她的事。大家议论纷纷，都不太相信这个事实。这怎么可能呢？他和她，一个在天上，一个在地下。他家穷，在全村是出了名的，弟兄五个，挤在三间破草棚里。他又不是个"吃苦耐劳"的，成天想偷懒少干活，只晓得捧本破书看，耍耍嘴皮子，能有什么出息？

她的家境，却是大家望尘莫及的。父亲是村支书，是说一不二的人物，在村子里，就跟个土皇帝一样，谁家不敬畏？看见村支书，都点头哈腰的。她是村支书的宝贝女儿，村支书疼得金疙瘩似的，听说镇长的儿子看上了她。村人们羡慕地说，这才叫门当户对。

不日，镇长果真亲自来提亲，带了五六个人来，队伍很是浩荡地进了她的家。村人们跟着后面看热闹，热热哄哄的，跟过节似的。支书高兴得给大家发烟发糖，当场订下婚约。

她无力反抗。趁家人不备，偷偷跑来找他。两人商量来商量去，唯有私奔，才能永远在一起。他们约好了时间，约好了地点，事情却不知怎的走漏了风声。那日，他等来的不是她，而是村支书，以及村支书领来的一帮人。

他被强行地关了起来。她被迫出嫁。

一年后，她回娘家，怀里抱着个孩子。他们隔着一块田地，隔着一些庄稼，默默看一眼，什么话也没有。咫尺，已成天涯。

她在日子里渐渐安稳，先后生了三个孩子，一男二女。再遇见他，她拉扯着孩子，面色从容，擦肩而过，仿佛从来不曾认识过他。他接二连三去相亲，与一个姑娘都差点订了婚，临到头，他却反悔了。他发现，他的一颗心，已爱不起来了。这么一晃一晃的，他的年纪大了，直至再没人给他说亲了。

知道她患了胃癌，是他六十岁生日这天。这天，他给自己下了一碗长寿面。邻居来串门，笑嘻嘻看他吃面，问，三爹，今天吃面呐？他"啊"一声，说，是啊。邻居等着他把一碗面吃完，貌似无意地笑说一句，三爹，你听说了吗，明凤得了胃癌，没几天好活了。他顿时如遭雷击，没听清似的，傻愣愣看着邻居，问，什么？胸口那一块，"砰"一声，似有什么炸裂开来，大脑跟着空了。多少年了，以为已是不相干的人了，却不料，她一直在，住在他的心尖尖上。

她在临终前，跟家人提出要求，想见见他。她说，我这辈子，只喜欢过他一个。这个时候，她已无所畏惧。他得知后，埋藏了几十年的泪，终于决堤而下。

他来，她已离去。她的家人遵她所嘱，把她的一件遗物转交给他。他揭开层层包装，里面包着的，是条棉布手绢。上面有小朵小朵的雏菊盛开着，眉眼盈盈。

华丽转身

她和他，同学七年，从高中，一直到大学毕业。

爱情像不经意间落下的牵牛花的种子，落在彼此的心上，兀自牵绕缠绵成一片。便爱了。

都说是郎才女貌好佳偶的。她不曾想过背离，看身边他人的爱情曲曲折折，她总是暗自庆幸自己的风调雨顺。

他们开始商量着买房。看过无数的房之后，他们终于在环境幽静的一处，物色到一套住房，面积不大，却足以安放他们的爱情。她喜欢那里的落地窗，可以接受满阳台的阳光。她说，结婚后，她就在阳台上为他熨衣裳。他听了，笑，笑得很幸福。

甚至设想到将来，将来老了，阳台上会长满花草，还养一只会唱歌的鸟。他们两个，就偎在阳台上晒太阳，看花开，听鸟唱。

这样的爱情很绮丽。她常常有些不相信地问他，是真的吗？他就伸手刮她的鼻子，说，是真的。

如此的美好持续了一段时日后，某一天，她再问他，是真的吗？他不曾热烈地回她。他眼光散淡，让她陌生。

他们之间，渐渐地云遮雾挡，像隔了一座山峰。再相处的时候，多半无话。这个时候，他们买的新房子的钥匙到手了，她试探地跟他说，结婚吧。他掉转头，眼睛看着窗外，漫不经心地回，等等再说吧。她只听得"砰"的一声，仿佛上好的瓷器碎裂开来，满地碎片，无法收拾。

也终于知道，他爱上了另一个女孩，那女孩是他上司的女儿。上司已给他俩在繁华地段买了一套房，房子大而奢华。他却迟迟不肯告诉她。

她独自一人，狠狠流了一通泪。然后，收拾掉泪痕，约他见面。

见面的地方，是她和他常去的街心公园。春天的太阳，闪着钻石一样的光芒。身边是姹紫嫣红，一个城，显得风情万种。她盛装而出，款款而至。他讶异地看着盛装的她，问，今天什么日子，这么隆重？她看着他笑，平静地说，今天，是我和你分手的日子。然后伸出手来，轻触他的手，说一声，你多保重。转身而去，留一个华丽的背影，给他。其时，太阳姣好，金钟花开得漫天漫地。

经年之后，同学聚会，他去了。她正和先生在外度假，没去成。

聚会上，有人说起她，大家都羡慕她日子的丰盈。他的日子却过得千疮百孔，他的眼里，有深深的悔。记忆总在花开的时节疼痛，那漫天漫地的金钟花呀，是一场华丽的盛会，他在记忆里怀念她。

有同学辗转把这些告诉她，她只淡淡一笑，转身去给阳台上的花花草草们浇水。那是先生买了送她的，在饱满的阳光下，花草们枝叶葱茏着。当年她的华丽转身，不但留住了她的自尊和优雅，还为自己留住了一颗，完整的心，好继续去爱。

相　守

他们是我身边的一对老夫妇。

老先生当了一辈子的兵，身材魁梧，相貌威严。老妇人却生得小巧玲珑，眉眼慈善，见人总是温温和和的，跟一尊菩萨似的。两人无儿无女，据说年轻时曾抱养过一个小孩子，养到十岁，孩子的亲生父母反悔了，又跑来要回孩子。

两人住在一楼，有一个小院子。院子的门很少关着，路过的人很容易就能看清院内的一切。院内长了不少花草，每日清晨，都是老妇人给花草们浇水，老先生坐在一边，读书看报，静悄悄的。

早饭后，两人一起出门买菜，总是一前一后地走。通常是老先生在前，老妇人在后，中间隔着几米远的距离。有时，老先生会停下来，朝后埋怨："你快点啊，这么磨蹭！"老妇人就笑笑，紧走几步。

午后，他们还是一起外出，不过，在小区门口会分手，一个向东，一个向西。他去找一些老头子下棋，她去找一些老姐妹聊天。小区门口长了不少的羽叶茑萝，花朵开起来像小星星，纤纤细细的一点红，撒了一花坛。老妇人特别喜欢这种花，每次走过时都要弯下腰去，对着那些小花看啊看的。老先生牵牵嘴角，表示不屑，"这有什么看头！"他哼哼两声，头也不回地走了。

黄昏时分，老先生回到小区门口，老妇人回到小区门口，两人像约好了似的，前后相差不了几分钟。他们一起散会儿步回家。

后来的一天，老妇人突然生了病，不几日，竟撒手走了。

大家在惋惜慨叹的同时，都认为老先生肯定受不了，不定会闹出什么意外来。好心的邻居轮流去陪他，他却平静得很，谢绝了大家的好意。接下来的日子，他一如往常，生活得很有规律。清晨，他给院子里的花草们浇完水后，就去菜场买菜。午后，他外出，到小区门口，停一停，那里，羽叶茑萝还在开着花，小花朵们如撒落的小星星。他眉头挑起，看一眼花，牵牵嘴角，转身去找他的那帮老头子下棋。黄昏时分，他回到小区门口，独自散一会儿步，然后回家。

大家私下里议论，说这老头子真够坚强的。也有人说他们夫妇感情淡薄，老伴走了，他连伤心的表情也没有。后来有人看出端倪来，说完全不是这样的，因为老头子在走路时，行为举止很怪异，每走几步，他都要停下来等着，嘴里叨叨的，像在跟谁说话。与人下棋，下得再酣，到了黄昏时分，他铁定是要回到小区门口的。

再看到老先生，大家的眼睛都有些湿润，不觉得他是一个人在走路，而是两个人，老妇人还慈眉善目地跟在他身后，从不曾离开过。

我爱你，我甘愿

和一个写字的女人聊天，不知怎么聊到婚姻的话题。她说，婚姻里，要有更多的妥协，才能走到老。

我却以为，"妥协"这两个字用得不好，勉强得很，不情不愿的样子。换成"甘愿"才是，我爱你，我甘愿。

平生不爱吃辣，嫁的那人却爱极。于是为了他，我一日三餐，做菜时都会放点辣。渐渐地，竟也是无辣不欢了。大雨的天，他冒雨去菜场买鱼，半路却折回来，为的是问我还想吃什么。他不爱听戏曲，却能陪着我，在戏院里一坐大半天，看浙江小百花来演的《梁山伯与祝英台》。我爱静，他爱动，却也能一起满世界去疯玩，只觉得快乐。

婚姻使人成熟，使人更懂得包容、谦让、接纳和心甘情愿地付出，只有付出，才能收获幸福。

如三毛。那个远走天涯的女子，她的行走里，一步一步，都是为了向爱靠近。她的荷西在欧洲小镇，她就跟去欧洲小镇。她的荷西在非洲沙漠，她就跟去非洲沙漠。夏日炎炎，她顶着大风沙，到处去找买一种印着条纹的布，因为，她的荷西就爱穿这样的布裁制成的大短裤，她要给他做大短裤。一个如此出众的女子，为了爱，也甘愿低到尘埃里。

我想起以前在乡下住，邻家有男人，五大三粗，在路口摆摊子卖肉，脾气暴得很，高嗓门能砸死人。大家都以为，这样的男人，哪个女人敢嫁他啊，还不被吓死？但偏有一个小女人嫁了他，偏偏这个小女人还长得十分漂亮。小女人脸上终日挂一团温柔的笑，有时会帮男人去守摊子。这个时候，男人说话的分贝明显降低了好多，温软得叫大家很不习惯。

平常在家，也都是小女人说了算。男人抢着帮小女人做家务，洗衣烧菜做饭，竟是样样都会做的。小女人偶尔生气了，数落他，他也只在一边"嘿嘿"笑，不还嘴。过后，却笨嘴笨舌去哄她开心。

大家都把这当作好玩的事，说想不到这样一个人，却被一个小女人管住了。有好事者憋不住了，问他，为什么这么怕老婆呀？他奇怪地看那人一眼，笑了，怕？我是打不过她还是骂不过她？只是因为舍不得。

一句舍不得，道出了婚姻的真谛：亲爱的，因为爱你，所以舍不得你。因为舍不得你，所以我甘愿收起我的锋芒，为你改变。

俗世里的地老天荒

每次见到那个男人，他都穿着白衬衫，干净洁白。映照得他的周围，也都干净洁白起来。

男人四十岁上下，在一条老街上，开了一家门店，专门卖手擀面，顺带也卖卖大米什么的。

老街的房子都有七八十年的历史，有的甚至更久远。一律的平房，房檐低矮，门楣破旧。一些人家在新区有了新房，这里的房便拿来出租，供一些外乡人做生意，或是暂住。一条街上，便林立着各式各样的店铺，望上去，灰扑扑的。

男人的店面，夹在其中，虽也是低矮破旧，却有着不一样的清爽。门楣上贴着剪纸。窗户上挂着红红的中国结。大门两边，一边一大盆鲜花，娇艳欲滴。我们以为那是真花，低头去嗅。男人笑了，说："不是真的，是我老婆用布叠的。"

我们惊讶："你老婆手真巧啊。"

男人笑了，说："她瞎叠着玩的。"语气里，却都是赞赏。他指着门楣上的剪纸让我们看。那些剪纸，常换常新，上面有时是鱼戏莲叶，有时是鸳鸯戏水，有时是娃娃放鞭炮。画面活泼饱满，栩栩如生。我们这边还没来得及赞叹，那边男人已介绍开了："这也是我老婆剪的，她整天就爱弄这些。"他极力表现出平淡来，可欢喜的神色，还是藏也藏不住的，顺着他的眉梢荡漾开来。我们愣一愣，有点羡慕他的女人。

店内，也是一样的整洁。面粉一袋一袋整齐垛起。大米一袋一袋整齐垛起。做手擀面的案板，擦得清晰可见案板上的纹路。擀好的面条，被男人放在一方匾子里，用洁白的纱布罩着，看上去让人很放心。小城远不止一家手擀面店，但小城人若是想吃手擀面了，情愿多绕一些路，也要跑到男人的店里来买。男人的生意，因此好得很，去他店里买手擀面，有时要等。男人有些忙不过来。

等的人不急，站着看男人手脚麻利地擀面条，一边跟他开玩笑，说："买台轧面条的机器回来，省事多啦，一轧一大堆，你可以大赚，赚了再开分店。"男人轻轻笑，认真回："手擀的跟机器轧的不一样，手擀的更有劲道。"他身上的白衬衫照着白面粉，洁白干净，像洒落了无数阳光。

男人是外乡人，山东的。说话的口音却不像，糯软得很，很江南。听人说，男人十七八岁就到江南打工，在那里，认识了他现在的女人。这段爱情本也平淡，就是两个年轻人遇见了，相爱了，最后水到渠成，谈婚论嫁。却在他们结婚前夕，发生了一点意外，女人在去采买结婚用品的路上，遇上车祸。

女人瘫痪了。瘫痪了的女人极度自卑，被家人带回老家来，她跟男人提出分手。男人什么也没说，却在几天后，赶到这里来，带着他的全部家当。他们结了婚，从此，男人守在这里，再没离开过。

有人问男人："悔吗？"男人反问："为什么要悔？""只要她一直好好地在着，我就很感激了。"男人说，一边笑嘻嘻揭下门楣上旧的剪纸，换上新的，是一幅花开并蒂莲。

黄昏时分，男人早早关了门，再多的生意也不接待，这已成惯例。小城的广场上，却多了一道风景，那是男人和女人的。男人穿着干净的白衬衫，推着轮椅上的女人，在广场上漫步。夕照的金粉，漫天漫地。

凡尘俗世里，他们只是这么平凡的一对，如两粒沙子般的，演绎着属于他们的地老天荒。

我是你男人

大伯母嫁给大伯父的时候,是"成分论"最为流行的时候。那时,大伯父是"破落地主"的儿子,而大伯母,却是村支部书记的女儿,根正苗子红。对大伯母来说,这颇有点下嫁的意思。所以,这段婚姻从一开始,就是不均衡的。

我们有了记忆时,大伯母已是个中年妇人。人长得壮实,往你跟前一站,就跟一座山似的。据说,她年轻时跟男人打赌,把晒场上的滚碾子,举过头顶,吓得一帮男人,腿直打战。

退休前,大伯母一直担任乡镇的妇联主任,走路风风火火,说话快言快语,办事爽利泼辣。有人说她像《红楼梦》里的王熙凤,"男人万不及一"。大伯母得知,不屑地一撇嘴,说:"王熙凤算啥?我还孙二娘呐。"

相比之下,大伯父就文弱得多了,文弱得近乎懦弱。常被大伯母吆喝得来吆喝得去的,大伯母指东,他绝不向西。大伯母叫他打狗,他绝不撵鸡。别人看着发笑,说他是"气管炎"(妻管严)。他不恼,笑笑说:"她就这臭脾气,人不坏的。"

或许正因为人不坏,别人看似不堪的婚姻,大伯父却愣是把它过下来,且过得有滋有味的。一个大男人,家务活竟没有不会做的,甚至织毛衣这样的女人活,他也会。一团红毛线在手,棒针随着他的手指上下飞舞,那是替大伯母织的毛线衣。背地里惹得不少人替他叫屈,说他要受欺压一辈子,窝囊一辈子。大伯父知道了,只傻呵呵地笑笑,不辩解。倒是大伯母气得把说的人臭骂一顿,回头,给大伯父捎回一瓶好酒。大伯母难得地下厨,整出几道菜,两人各守着桌子一边,把一瓶白酒给干了。结果,大伯母大醉。醉话连篇里,有一句话大伯父听得真切,那是大伯母说的:"我家男人他是个好人。"大伯父听着听着,就哭了。

大伯母患上老年痴呆症,是突然间的事。某天早上起床,她把好好的上衣,穿歪了,头竟伸进袖子里,卡在那里,出不来了。大伯父赶紧走过去帮忙,打趣她:"你咋像个孩子似的了?"她却猛地对准大伯父的脸,挥去一拳,怒骂:"哪里来的贼,想偷我的东西!"大伯父被她打得莫名其妙,迅捷召回在外地工作的儿子。大伯母对着心急心慌赶回的儿子直瞪眼,连连问:"你是谁?你到我家干什么?"

——她不记得所有人了。包括,大伯父。

这之后,她常把大伯父往屋外赶,骂他是小偷。这时,大伯父就先避开去,等她平静了再进屋。他哄着她,温柔地叫着她的小名,给她梳头洗脸,给她砸核桃吃,给她喂八宝粥。她也有平静的时候,会盯着他的脸,若有所思看一会儿,狐疑地问:"你是谁?"大伯父便慢言轻语道:"我是你男人庆生呀,我们结婚很多年了。"她"哦"一声,茫然地望着,说:"我咋不认识你呢?"

这样的折腾,有时一天要上演好几回。旁的人看着不忍,给大伯父出主意:"找个保姆照顾她吧,你也好解脱一下,过几天清闲日子。"大伯父正颜厉色道:"怎么可以?少年夫妻老来伴的。"

病中的大伯母易怒,易惊慌,大伯父便变着法儿逗她开心。他买来儿童玩的拨浪鼓,陪着她摇,咚咚,咚咚咚。大伯母好奇地看着拨浪鼓,神情如稚童。他牵着她的手去散步,摘了一大捧野花,给她戴上。她把那花扯下,托手上,细细看。某天,大伯父随嘴哼了一首儿歌,是听邻家孩子在家门口唱的。大伯母居然立即安静下来，眼睛睁得大大的，分明在倾听。听着听着，她的脸上，竟慢慢浮上笑容。

这个发现，让大伯父欣喜若狂。他把那首儿歌翻来覆去地唱，直唱得口干舌燥。大伯母便一直安静地听着，不闹不吵。其时，夕照的金粉，洒了他们一院子。

为了让大伯母每天都能听到新的儿歌，年近七旬的大伯父，买了一堆零食，贿赂邻家孩子，让她教他唱儿歌。他亦去附近的幼儿园，把一些歌"偷"回家。乡下的一幢普通民宅里，每天便都有儿歌，快乐地响起。

我们去看大伯父。他正蹲在大伯母跟前，给大伯母唱儿歌，一边唱，一边摇着拨浪鼓，表情滑稽夸张。他面前的藤椅上，坐着的大伯母，安静着，恬淡着，眉宇间少了凌厉，多了温存。她很像个慈眉善目的老太太了。

一曲终了，大伯母突然伸出手，轻轻摸了摸大伯父的脸，惊讶地问："你是谁？我好像见过你的。"大伯父便轻言慢语地回："我是你男人庆生呀，我们结婚很多年了。"

那个镜头，叫我们的眼睛一下子酸疼起来。

第三辑
我们曾在青春的路上相逢

感激上苍,让我们曾在青春的路上相逢,照见彼此的悲喜。

青花瓷

初见青花瓷,是在米心的家里。

米心是我的同桌。她的名字,我相信,独一无二。至少在我们那个小镇上。

小镇很古,古得很上年纪——千年的白果树可以做证。白果树长在进镇的路口上,粗壮魁梧,守护神似的。有一年,突降大雷阵雨,白果树遭了雷劈,从中一劈两半。镇上人都以为它活不了了,它却依然绿顶如盖。镇上人以为神,不知谁先去烧香参拜的,后来,那里成了香火旺盛的地方。米心的奶奶,逢初一和月半,必沐身净手,持了香去。

小巷深处有人家。小镇多的是小巷,狭窄的一条条,幽深幽深的。巷道都是由长条细砖铺成,细砖的砖缝里,爬满绒毛似的青苔。米心的高跟鞋走在上面,笃笃笃,笃笃笃。空谷回音。惹得小镇上的人,都站在院门口看她。她昂着头,目不斜视,只管一路往前走。

那个时候,我们都是十七八岁的年纪,高中快毕业了。米心的个子,蹿长到一米七,她又爱穿紧身裤和高跟鞋,看上去,更是亭亭玉立,一棵挺拔的小白杨似的。加上她天生的卷发,还有白果似的小脸蛋,更透着一股说不出来的气质。在一群女生里,极惹眼,骄傲得跟只凤凰似的。女生们都有些敌视她,她也不待见她们,彼此的关系,很僵化。

但米心却对我好。天天背着粉红的小书包来上学，书包上，挂着一只绒布米老鼠。书包里，放的却不是书，而是带给我吃的小吃——雪白的米糕，或者，嫩黄的桂花饼。都是包装得很精致的。米心说，他买的。我知道她说的他，是她的爸爸。他人远在上海，极少回来，却源源不断地托人带了东西给米心。吃的，穿的，用的，都是极高档的。

米心很少叫他爸爸。提及他，都是皱皱眉头，用"他"代替了。有一次，米心趴在教室的窗台上，看着教室外一树的泡桐花，终于说出一个秘密："我上小学的时候，他在上海又娶了女人，不要我妈了，我妈想不开，上吊自杀了。"米心说这些话时，脸上的表情，幽深得像那条砖铺的小巷。一阵风来，紫色的泡桐花，纷纷落，如下花瓣雨。我想起米心的高跟鞋，走在小巷里，笃笃笃，笃笃笃。空谷回音，原都是孤寂。

米心带我去她家，窄小的天井里，长一盆火红的山茶花。米心的奶奶坐在天井里，拿一块洁白的纱布，擦一只青花瓷瓶。瓶身上，绘一枝缠枝莲，莲瓣卷曲，像藏了无限心事。四周安静，山茶花开得火红。莲的心事，被握在米心奶奶的手里。一切，古老得有些遥远，遥远得让我不敢近前。米心的奶奶抬头看我们一眼，问一声："回来啦？"再无多话，只轻轻擦着她怀里的那只青花瓷瓶。

后来，在米心的家里，我还看见青花瓷的盖碗，上面的图案，也是绘的缠枝莲。米心说："那原是一套的，还有笔筒啊啥的，是我爷爷留下来的。"

见过米心的爷爷，黑白的人，立在相框里。眉宇间有股英气，还很年轻的样子。却因一场意外，早早离开人世。至于那场意外是什么，米心的奶奶，从不说。她孤身一人，带了米心的父亲——当时只有五岁的儿子，从江南来到苏北这个小镇——米心爷爷的家乡，定居下来，陪伴她的，就是那套青花瓷。

米心猜测："我奶奶，是很爱我爷爷的吧。我爷爷，也一定很喜欢我奶奶的。他们多好啊。"米心说着说着，很忧伤。她双臂环绕自己，把头埋在里面，久久没有动弹。我想起米心奶奶的青花瓷，上面一枝缠枝莲，花瓣卷曲，像疼痛的心。那会儿的米心，真像青花瓷上一枝缠枝莲。

米心恋爱了，爱上了一个，有家的男人。她说那个男人对她好，发誓会永远爱她。她给他写情书，挑粉红的信纸，上面洒满香水。那是高三下学期的事了。那时候，我们快高考了，米心却整天丢了魂似的，试卷发下来，她笔握在手上半天，上面居然没有落下一个字。

米心割了腕，是在要进考场的时候。米心的奶奶闻到血腥味，才发现米心割腕了，她手里正擦着的青花瓷瓶，"啪"的一下，掉地上，碎了。

米心的爸爸回来，坚决要带米心去上海。米心来跟我告别，我看到她的手腕上，卧一条很深刻的伤痕，像青花瓷上的一瓣莲。米心晃着手腕对我笑着说："其实，我不爱他，我爱的，是我自己。"

十八岁的米心，笑得很沧桑。小镇上，街道两边的紫薇花，开得云蒸霞蔚。

从此，再没见过米心，没听到米心的任何消息。我们成了，隔着烟雨的人，永远留在十八岁的记忆里。

不久前，我回我们一起待过的小镇去，原先的老巷道，已拆除得差不多了。早已不见了米心的奶奶，连同她的青花瓷。

我们曾在青春的路上相逢

大眼睛，双眼皮，一笑嘴边现出两个深深的酒窝，那是蕾。她家住老街上，那儿，清一色的小青瓦的房，一幢连着一幢。细砖铺成的巷道，纵深幽远。人家的天井里，探出半枝的绿。或是，一枝两枝累累的花，点缀着巷道的上空，巷道便很有些风情的意思了。街上人家都养尊处优着，至少在那个年代的我的眼里是这样的。初夏的天，太阳还没完全落下去，他们就早早地洗好澡，穿洗得发白的睡衣睡裤，搬把躺椅躺到院门前，慢摇着蒲扇，有一搭没一搭地聊着天。那时，我的父亲母亲，多半还在泥地里摸爬滚打着，玉米要追肥了，棉花要掐枝了，水稻田该插秧了——这些农活，我都懂。

蕾不懂。蕾是在街上长大的孩子。街上的孩子不知道水稻与大米的关系，不知道花生是结在地底下的。他们像一朵朵奶白的茉莉花，纤弱又高贵。蕾跟我去乡下，看见一只大母鸡，也要惊叫。对我历数的野花野草的名字，她一律报以惊奇。而我的乡亲，都停下农活来瞧她，她长得好看是　方面，还有一方面是她身上的城市味——面皮白，衣着时髦，手指甲干净。乡下的孩子有几个不是黝黑黝黑的？指甲里都积满厚厚的垢。我的乡亲啧啧叹，这是城里的孩子啊。语气里满是羡艳。

这让我相当自卑。我很少再带蕾去我的乡下了，尽管后来她一再要求再去。那个时候，我们都是十七八岁的年纪，坐在同一个教室里读书。两层的教学楼，红砖，红瓦，窗外长高大的泡桐树。蕾跟我同桌，喜玩，不爱读书。她常趁老师不注意，偷跑出教室，和几个男生去影院看电影。有时也拉我一起去，我去过一次，不再去了。他们都是城里的孩子，像一簇一簇灿灿的花，沸沸扬扬开着。我却是草一棵，夹在其中，实在有些格格不入。

蕾早早恋爱了。班主任在课上三令五申，不许谈恋爱。大家心照不宣地看着蕾笑。蕾也笑，脸上飞起一朵红霞，妩媚得很。她用笔轻轻点点桌子，以示对班主任的不满。桌上，作业本的下面，压着男孩子写给她的情书。后来，到底被发现了，班主任亲眼看到蕾和一个男生手拉手逛街。蕾的母亲来到学校，在蕾的面前声泪俱下，要蕾交出跟她谈恋爱的那个男孩子。我们异常吃惊，吃惊的不是蕾的母亲的声泪俱下，而是她的苍老。她完完全全是一个衰老的老太太，像一枚皱褶的核桃，跟漂亮的蕾完全不搭界。蕾呆呆看着围观的人，"哇"的一声哭出来，丢下她的母亲，捂住脸跑出学校去。

蕾清寒不堪的家境，一下子裸露在众人跟前。蕾的母亲是改嫁之后生下蕾的，蕾的上面，还有三个哥哥、两个姐姐。大哥是个傻子。二姐跟人跑了。蕾的母亲在街上摊煎饼卖，维持一家人的生计。

蕾是一个星期之后才回到学校的。她不再谈笑宴宴，代之的是，长长久久的沉默，她的眼睛，总是盯着某处虚空发呆，一盯就是大半天。那时候，教室外的桐花，一树一树开了。四月了，我们快毕业了。

高考时，蕾没考上，进了一家纱厂做女工，我们渐渐失了联系。

多年后的一天，我突然接到蕾的电话。蕾问，知道我是谁吗？我脱口而出，你是蕾。我们回忆起从前的事：两层的教学楼，红砖，红瓦，窗外长着高大的泡桐树。岁月再怎么风蚀，我们的声音，还是从前的。

我在从前的往事里，微笑着哽咽。我想起一帮同学在谈未来的职业，一个瘦瘦的男生，忽然指着不远处的我说，她将来，必定要当厨娘。在那之前，学校刚刚集体组织看了一部外国影片，里面有厨娘，胖，且笨。所有人都看向我，一齐笑起来。那些笑声，如同锋利的刀子，把我割得七零八落，以至于好长一段时间，我都沉默寡言，忧郁且激愤。

毕业后的某一年，我曾遇到当年的那个男生，他全然不记得说我要做厨娘的事了，而是满脸惊喜地叫，是你啊。有遇见的欢喜。

年少时再多的疼痛，都风轻云淡了。唯有感激，感激上苍，让我们曾在青春的路上相逢，照见彼此的悲喜。那些鲜嫩的气息，一去不返。

桃花流水窅然去

> 我相信，总有些青春，是这样走过来的……
>
> ——题记

　　小桥。流水。凉亭。茂密的垂柳，沿河岸长着。树干粗壮，上面布满褐色的皱纹，一看就是上了年纪的。桥这边一排平房，青砖黛瓦木头窗。桥那边一排平房，同样的青砖黛瓦木头窗。门一律的漆成枣红色。房前都有长长的走廊，圆拱门连着，跟幽深的隧道似的。还有长着法国梧桐的大院落，梧桐棵棵都壮硕得很，绿顶如盖。老人们说，当年这地方，是一个姓戴的地主家的大宅院。土改后，收归公家所有，几经周转，最后，改成了学校。周围六七个庄子的孩子，升上初中了，都集中到这儿来读书。门牌简单朴素，黑漆字写在白板子上——戴庄中学。

　　我念初中的时候，每日里走上六七里地，到这个中学来读书。都是十三四岁的孩子，今儿见着，还瘦小着呢，明儿再见，那个子已蹿长得跟棵小白杨似的。我也在不断地长着个头。母亲翻出旧年的衣衫给我穿，袖子嫌短了，衣摆不够长了。母亲在衣袖上接上一块，在下摆处，接上一块。用灰的布条，或蓝的布条。我穿着这样的衣裳，走在一群齐整的同学中间，内心自卑得如同倒伏在地的小草。

有女生，父亲是教师，家境优越。做教师的父亲帮她买漂亮的裙子，还有围巾。春天了，小河两岸的垂柳，绿茸茸地招人，撩拨得人心里发痒。我们的心，也跟着长出绿苞苞来，欣喜有，疼痛有，都是莫名的。课间休息，那个女生，从小桥那头走过来，脖子上系一条玫红色的围巾，风吹拂着她的围巾，吹拂成一道美丽的虹。她的头顶上方，垂下无数根绿丝绦。红的色彩，绿的色彩，把她衬托得像画中人。我确信，那会儿，全校所有同学的眼光，全都落在她的身上。她的人，款款在那些目光里。我渴盼也有条那样的红围巾，玫红色，花瓣一般的柔软。然以我家当时的经济条件，那是遥不可及的梦想。我变得忧伤。

我的身体亦开始出现了一些变化，开始长胖，开始来潮。第一次见到凳子上洇上的一摊殷红，我大惊失色。同桌女生比我年长，她悄声要我不要动，让我等全班同学走光了再走。她后来告诉我，女生长大了，每个月都要见血的。她帮我洗净了凳子，我羞愧得哭泣不已，觉得自己丑。

我变得不爱说话。即使被老师喊出来回答问题，声音也小得跟蚊子似的。班上男生女生打闹成一片，唯独我是孤独的。男生们帮女生取绰号，他们嘻嘻哈哈地叫，女生们嘻嘻哈哈地应。但他们愣是没帮我取绰号，让我时刻提着一颗心，担心他们在背地里取笑我。一天，同桌突然告诉我，你也有绰号的呀，你的绰号叫小胖。我的心，在那一刻黑沉沉地往下掉，掉到看不见的地方去了。

地理课上，教地理的老人家，在讲台前讲得眉飞色舞。底下的学生，却兀自说着话。老人家管不了，生气地摔了书本。我前排的男生学着他摔书本，不小心带动桌上的墨水瓶，墨水瓶飞起来，不偏不倚，洒了我一身。如果换了一个人，或许我不会那么难过，叵偏偏洒我墨水的男生，是我一直暗暗喜欢的。他长得帅气，成绩好，歌唱得也好，还会吹笛子。虽然他一再道歉，在我，却是莫大的伤害，我坚定地认为，他是故意的。从此看见他，跟仇人似的。心却痛得无处安放。

上美术课了，同学们一阵雀跃。老师在黑板上画了一株桃花，让我们仿画。一缕春风从敞开的窗户吹进来，吹动我们的书本。有燕子在窗外呢喃。我的心，在那一刻想逃走，逃得远远的。我想起跟父亲去老街时，看见老街附近，有一片桃园，那时，桃正蜜甜在树上。若是千朵万朵桃花一齐怒放，会是什么样子？我想知道。

我突然就坐不住了，春风里仿佛伸出无数双手，把我使劲往校园外拽。我不要再见到男生的怪模样、女生的怪模样。不要再见到玫瑰红的围巾，别人有，而我没有。不要再见到前排的那个男生，他总是嬉皮笑脸着，露出一口洁白的牙。不要再见到秃顶的英语老师，眼光从镜片后射出来，严厉地盯着我问："'今天天气如何'这句话怎么翻译？"

我要去看那些桃花——这想法让我兴奋。我努力按捺住跳动的心，把下午两节课挨下来。两节课后，是活动课，大多数同学都到操场上玩去了，我溜出校门。满眼是碧绿的麦子，金黄的菜花。人家的房，淹在排山倒海的绿里面黄里面。风吹得人想飞。我一路狂奔，向着那片桃花地。

半路上，遇到一只小狗，有着麦秸黄的毛，有着琥珀似的眼睛。它蹲在路边看我，我也看它，我们的信任，几乎是在一瞬间达成。我走，它也走，起初它离我有几尺远的距离，后来，干脆绕到我的脚边。我临时给它起了个名副其实的名字，小狗。我叫："小狗。"它就朝我摇摇尾巴，好像很满意我这叫法。我们一路相伴着走，一人，一狗，阳光照着，很暖和。

当大片的桃花，映入我的眼帘时，夜幕已四垂。一树一树的桃花，铺成一树一树的水粉，仿佛流淌的粉色的河，静静地，朝着夜幕深深处流去。看得我，想哭。有归家的农人，从桃园边过，他们不看桃花，他们看着我，奇怪地问："孩子，你找谁？"

我摇着头，走开。我在心里说，我不找谁，我只找桃花。

那一晚，我一直在桃园边游荡，陪着我的，是那只半路相遇的小狗。

走累了，我们钻进桃园，倚着一棵桃树睡了，并不觉得害怕。

第二天清早，我原路返回，小狗一直跟着我。在校门口，我蹲下身子，抱住它的头，不得不跟它说再见。我后来进校园，回头，看到它蹲在校门口看我，眼睛里充满不舍，还有忧伤。

学校里早就闹翻了天，因为我的离校出走。母亲一夜未睡，在外面无头无绪地找了大半宿，一屁股跌坐到教室外的台阶上，哭。当看到我出现时，母亲又惊又怒。所有人都来追问我，到底去哪里了，为什么要离校出走？他们问，我就哭，直哭得上气不接下气，哭得他们反过来劝我不要哭了。其实我那时，根本不知道自己在哭什么，觉得像做了一场梦。但哭过后，我的心平静了，我安静地坐在教室里，读书，做作业。倒是我的同桌，想探听秘密似的，问我去了哪里。我不说。她眼光幽幽地看着窗外，向往地说："你去的地方，一定很好玩吧。"

成年后，跟母亲笑谈我年少时的种种，我问母亲："记不记得那一次我逃课？"

母亲问："哪一次？"

我说："去看桃花的那一次。"

母亲"啊"一声，笑："你一直很乖的，哪里逃过课？"

栀子花，白花瓣

在我们那所植满栀子花的中学校园里，张丹绝对是个风云人物：上课经常迟到；作业从来不交；和社会上一帮小青年鬼混；有男生为争她大打出手；玩世不恭；等等。我的同事朱说起她来，是切齿着的。那日，她去他们班上课，课上到中途，张丹突然在底下，敲起课桌肚来，笃笃笃，笃笃笃，一声声，极有节奏的。寂静的教室，仿若平静的湖水，被突然扔进了一块石头，腾起浪花无数朵。朱当时气得拿眼瞪她，她倒好，镇定自若地继续敲击，嘴角边还浮上轻蔑的笑。等她敲得索然无趣了，她竟不紧不慢地拿话噎她的老师："看什么看，我长得比你好看！"这事让我的同事朱备受伤害，她再不肯去他们班上课了。

张丹的家庭背景也不一般，父亲是小有名气的公司老总，在张丹读初中时，与她母亲离婚，重娶一年轻女人。那女人，比张丹大不了几岁。母亲离婚后，远走他乡，从此，音信杳无。张丹跟了父亲，却被单独地扔在一幢大房子里，由父亲找来的保姆照应着。

我接他们班时，高二。第一天上课，张丹姗姗来迟。她半倚着门，斜睨着我，嘴唇红艳，紫色的眼影，抹得浓郁。吊带衫，牛仔短裤，脚上一双凉拖，十个脚趾，全涂上蔻丹。很风尘的样子。

我微笑，冲她点头道："进来吧。"她可能没料到我会是这种态度，愣一愣，一摇三摆地进了教室。课上，她不时地做些小动作，譬如掏出小圆镜子照，把书本拿上拿下的，她在观察我的反应。我面带微笑地上着我的课，偶尔让眼光掠过她，也还是微笑着的。她到底沉不住气了，用手指敲起课桌来，笃笃笃，笃笃笃。全班同学紧张地看着我，以为我要发火了。我却笑眯眯看着她："张丹，你的节奏感真强，你的歌一定唱得不错。"

张丹完全蒙住了，她呆呆望着我，一时不知怎么办才好。我提议："我们现在就请张丹同学唱一首，大家说好不好？"学生们自然高兴，齐声叫："好！"掌声响得哗啦啦。张丹的脸，在那一刻红了。我暗地想，她原来，也会羞涩的，她不过是个小女生。

那天，她唱了刘若英的《后来》。她唱得很投入，声音甜美，感情真挚。厚厚的脂粉下，掩盖的原是一张天真的脸。她唱完，教室里爆出经久的掌声。我由衷地叹："张丹，你唱得真好，你把人们回忆青春时的疼痛，给唱出来了。栀子花，白花瓣，落在我蓝色的百褶裙上，——多单纯的时光，像现在的你一样呢。"

张丹仰着头看我，我看见她的眼里，慢慢渗出泪。她忍几忍，终没忍住，那泪，掉下来，大颗大颗的。课后有学生跑来找我，说张丹伏在桌上哭了很久，哭得号啕，把班上的同学都吓坏了。我对那个学生说："没事的，让她哭一会儿吧。"

再去上课，张丹端坐着听，少有的安静。课间作业时，我路过她身边，看到她在一张纸上乱涂：爱，不爱。爱，不爱。就这几个字，涂了满满一大张。我弯腰过去，她赶紧用手捂住纸，手指甲上，桃红的指甲油，欲滴。我悄声与她耳语："张丹，你若不化妆，会更好看的。"她吃惊地看着我，我又补充一句："像栀子花一样的好看，真的。"说完我走开，回头，看见她愣愣地，盯着我的背影看。

这之后，突然好几天不见她。其他老师说："这太正常了，她上课都是三天打鱼两天晒网的，反正她又不愁以后没饭吃，她老子有的是钱。"

我电话过去，她的保姆接的，保姆说，病了。我去看她，路过一家花店，我买了一束姜花带过去。一朵朵洁白的姜花，很像栀子花，淡黄的蕊，白的花瓣儿，落在墨绿的叶间，看上去洁净极了。

张丹看到我带去的姜花，良久没说话。她把姜花抱在怀里，哭了。她捋起袖子，让我看她胳膊上的刺青，上面是一个"爱"字。十四岁时就恋上一个人，一帮青年中的一个，染黄头发，穿奇装异服，把摩托车开得如放箭。那时父母离婚，她正满世界寻找温暖，遇见他，他把她抱坐到摩托车后面，迎着风开。猎猎的风，吹扬起她的发，她的衣，她的心。刹那间，她忘记了所有的不快乐，父亲，母亲，父亲的那个女人，都被风吹散了，无影无踪了。从此，她跟定了他，她为他涂脂抹粉，为他忍着疼痛，在胳膊上刻下"爱"。她以为，他会永远对她好的。可是有一天，他突然变了模样，头发重染回黑色，穿得正正规规的来见她，对她说，他要结婚了，从此不能再陪她玩了。

张丹哭得无助，张丹说："老师，我不想失去他，我要爱。"

我揽过她的肩，轻轻拍。她的小身子，在我的怀里瑟瑟。我说："你还是个孩子呢，你的青春，还没开花呢。等你真的长大了，你会遇到更好的人的。现在你要做的是，好好爱自己，等着青春开花。"

张丹抱着姜花，不语。姜花朵朵，散发出清幽的香。隔天，张丹来上课，她变得很安静。她坐在座位上，手撑着头，大半天也不动一下，眼睛仿佛越过了千重山万重水——她在想心事。我走过她的身边，看到她摊在桌上的课本上，有她重重的笔迹，写着我对她说的话：好好爱自己，等着青春开花。我朝她笑了笑，她回我一个笑。我陡然发现，她没有化妆，很素净，像邻家的小女孩。

几天后，张丹忽然来办退学手续。她说，她掉下的功课太多了，再怎么用功，也不能赶上去。何况她对这些功课，也没多大兴趣。她准备去学园艺设计，已跟外地一家技校联系好了，学成后，她要开家大花店。

这个愿望真芳香！我祝福了她。我想，并不是所有的孩子，都适合走高考那条路的。换个环境，或许更有利于她的成长。

来年六月，突然收到张丹从外地寄来的信。信里面夹着她的近照，一树粉白的栀子花下，她一袭天蓝色的裙子，素面朝天，笑若白花瓣，眉间阳光点点。

青春底版上开过玉兰花

夏意儿念中学的时候，家离学校远，住宿。

每日黄昏，放学了，大多数同学都回家了，校园便变得空旷寂静。她会抓一本书，去操场边。黄昏温柔，金粉一样的光线，斜照在一棵一棵的树上。是些广玉兰，五月里开花，能一直开到九月，这朵息了，那朵开，碗口大的花，白而稠。就那样开得烈烈的，又是悄无声息的。她会倚了树，看着书，默默背诵，心淹没在夕照的金粉里，恬静而纯美。

一日，她的安静，突然被操场上一阵一阵的欢叫声给打断了。那是一些男老师，在操场上打篮球。她抬头，一眼看到他们年轻的语文老师，正迎着夕阳奔跑。他看上去，多像骑着一匹金色骏马的王子，英俊极了。她只听见自己的一颗心，"嘭"的一声，开了花。

自那以后，她开始留意他。他的声音好听，他走路的姿势好看，他一举手一投足，都充满生动。他的一颦一笑，离她那么近，又那么远，她的心，开始了忧伤，学习却格外努力起来。最喜欢的是语文考试或写作文，每次在全年级她都遥遥领先，让他的眼睛里，有了骄傲。他跟别班的语文老师说："我们班的夏意儿，语文好得没说的。"她站在他边上，听他说着这话，脸无端红了，心快乐得要飞。他转身看她一眼，点点阳光洒过来，他说："继续保持啊夏意儿。"她认真地点头，把这当作是她对他的承诺。

端午节，她特地跑回家，央母亲包多多的粽子。母亲问："要那么多你吃得下吗？"她说："带给同学吃呢。"母亲包粽子时，她在一边相帮，挑又大又红的枣，一颗一颗洗净了，和在糯米里。母亲笑话她："这么小的丫头，就知道吃了。"她不言语，只是笑。第二天，天才蒙蒙亮，她就赶到学校。那会儿，他的宿舍门还紧闭着，他还在睡梦里。她把精心挑出的一袋粽子，轻轻放在他宿舍门口。

后来他在班上，笑问全班学生："哪个同学给我送粽子了？"学生们愕然，继而都望向他笑着摇头。她也在其中，笑着摇头。他的目光，落向她又掠过她，他说："粽子我吃了，非常好吃，谢谢你们啦。"

课后，同学们很是热烈地讨论了一回："到底是谁给老师送粽子了？谁呢？"她静静坐在一边，耳畔只是他的笑。他吃了我送的粽子呢，她想。她因此而幸福。

元旦的时候，却传出他结婚的消息，教室里一下子沸腾起来，每个同学看上去都兴兴奋奋的。女生们争着打听他的新娘漂不漂亮，男生们则商量着给他买礼物。她一个人，跑去操场边，莫名其妙大哭一场。

再见到他，是几天后。许是新婚，他的脸上，有遮不住的甜蜜。学生们叫："老师，要吃喜糖要吃喜糖喔。"他笑着答应："好。"下课，他站在教室门口叫："夏意儿，你来帮我拿一下糖。"她坐在位子上没动，回："我肚子痛呢。"他关心地走到她跟前，笑着问："没关系吧？要不要去看医生？"她慌乱地一摇头，说："没事的。"他后来叫了另一个同学去，捧来一大堆花花绿绿的喜糖，她把发到手的喜糖，转手给了同桌，说："我从不喜欢吃糖。"同桌信以为真，很高兴地接了去。

她的语文成绩，自此一落千丈。

他很着急，找她谈话，很温和地看着她，笑着说："夏意儿，你知道吗，你是我任教的学生里，最聪明灵秀的一个，我希望我能有幸送你走进重点大学,那里,有属于你的金色年华。"她的心里,突然就落下千朵万朵阳光,玉兰花一般地开放。

一颗爱的心,就此,轻轻放下。后来夏意儿顺利考进重点大学,遇到了一个爱她的,亦是她爱的人。真的如他所说,她有了属于她的金色年华。

小武的刺青

我且叫他小武吧。

他其实不姓武。不过，他好像挺喜欢"武"这个字的。在他的桌子上刻着。在他的衣服上印着。在他的手腕上文着。

是的，他刺了青。

我的同事们提到他，都说，那个刺了青的家伙。

不要怪我的同事们气量小，用这种语气说一个学生。而的的确确是，他"伤"他们太深。大凡跟他打过交道的，无一不败下阵来。以至于在高二分班时，同事们都事先跟学校提出申请，"刺了青的家伙"在的班，坚决不教！

说起来，他也没做过多大的坏事儿，但，就是他那一副桀骜不驯的样子，很让我的同事们抓狂。女同事罗做过他的班主任，罗一提到他，就浑身打战。这孩子，太不上道道了！罗说。

他不止一次在课堂上惹得罗下不了台。罗找他谈话，他要么呈45度角仰望天空，管你说什么，他就是一言不发。要么，他会突然冒出一句半句，气得你半死。罗不过才四十来岁，就被他一口一个老太太地叫着。老太太，您别动怒，动怒会伤肝的，您知道吗？或者是，老太太，您本来就不好看，这一动怒，脸上的皱纹就更多更深了。

男同事秦提起他，也是一头怒火。在秦的课上，他只有两件事做，要么睡觉，要么捣蛋。秦实在看不下去了，当众批评了他两句。他不紧不慢对秦说，老师，您也是响当当的本科毕业生吧？您瞧您现在，一个月才拿了个两三千块，不够人家一顿饭钱。您还好意思叫我们考什么大学，是想让我们都沦为您这样的？

秦那天回到办公室，气得把教科书摔在办公桌上，叫嚷着，不干了不干了，这讨饭的活再也不干了！可是，等上课铃声一响，秦还是赶紧夹起教科书，上课去了。

小武的家庭背景，也让同事们头疼。他念小学时，他妈死了，死于自杀。他爸是生意人，常年不在家，他是跟着奶奶长大的。学校开家长会，他爸从来没有出席过。

同事们把小武当球似的，踢来踢去，最后，我的班，收下了小武。

小武不知从哪里得了消息，他在楼梯拐角处，与我"偶遇"。他睥睨着我，问，听说我们将合作？

我淡定地看看他，我说，是啊，还请大侠多多关照啊。

他对我的回答，显然有些意外，咧嘴一乐。

我的眼光溜到他手腕上的那个"武"字，我说，这个字，还可以文得更好看些，应该文成草书的。我一本正经。

他狠狠愣在那里，完全不知我是啥意思。

最初的两堂课，小武还算安静，他除了偶尔故意趴在桌上睡睡觉外，没做出什么大动作。我也不去理他。他看我对他睡觉没什么反应，到底耐不住了，开始在课桌上敲出声响。不时来上一两下，当当，当当当。他敲的时候，我就停下来等他，全班学生也都转头看他。他挑衅道，看什么看！老子脸上有字啊？

全班学生就都看向我。我笑笑，好了，小武同学腕上有字，脸上是没字的，我们继续上课吧，老师刚才讲到什么地方来了？

学生们一齐大声回答，把他的敲击声给淹没了。

小武在作业本子里写，你是我见过的最厉害的老师，佩服！

我回他，谢谢夸奖。你也不赖。

我知道，他会来找我的。

他果真来找我。我削了一只苹果给他，我说，这是山东大沙河产的苹果，特甜的。

你听说过大沙河吗？那儿曾经无风三尺沙的。不过，就是那沙质土壤，特别易于果树生长哎，结出的苹果又甜又多汁。

什么土壤会长出什么东西来的。这就好比我们人吧，各人都有各人的长处的。我装着漫不经心地说。

小武捧着苹果，傻傻地看着我，半天才说，老师，你真有意思。

隔日，我因手头事太多，处理到很晚才下班。等我走出办公楼，才知，下雨了。我没带伞。我正站那儿犹豫着，小武不知从哪里冒出来了，他手里擎着把雨伞，他说，老师，我送送你。

我说，好啊。

他举着伞，站我身边，个头比我高很多。我抬头看看他，我说，哎，你都比老师高出这么多哎，我都要仰视你了。

他"扑哧"笑了。

一路上，他老老实实告诉我，老师，我就是不喜欢学习，听不进去课。反正我爸说过，以后跟他去做生意。

我点头，表示理解。我说不喜欢学习就不学吧。但，坐在教室里，别人是一天，你也是一天，总得做点有意思的事，才对得起自己的一天，是不？喜欢听的课，你就听一点，不喜欢听的课，你可以看点有意思的书。多读点书，你会成为一个不一样的生意人的，因为，你有一肚子的学问撑着啊。那叫儒商哎。

小武再次"扑哧"笑了。

后来的小武，让同事们惊讶。他找从前的老师，一一打招呼，说以前都是他不懂事，多有得罪。

这孩子，怎么跟换了一个人似的？同事们问我。

我也看到小武的变化了。他把刺了青的手腕处，用布条缠上。他虽然没跟我保证过什么，但我知道，那刺青，让他真的长大了。

青春不留白

上高中的时候，我在离家很远的镇上读书，借宿在镇上的远房亲戚家里。虽说是亲戚，但隔了枝隔了叶的，平时又不大走动，关系其实很疏远。

是父亲送我去的，父亲背着玉米面、蚕豆等土产品，还带了两只下蛋的老母鸡。父亲脸上挂着谦卑的笑容，让我叫一对中年夫妇"伯伯"与"伯母"。伯伯倒是挺高兴的，说自家孩子就应该住家里，让父亲只管放心回去。只是伯母，仿佛有些不高兴，一直闷在房里，不知在忙什么。我父亲回去，她也仅仅隔着门，送出一句话来："走啦？"再没其他表示。

我就这样在亲戚家住下来。中午饭在学校吃，早晚饭搭伙在亲戚家。父亲每个月都会背着沉沉的米袋子，给亲戚家送米来。走时总要关照我，在人家家里住着，要眼勤手快。我记着父亲的话，努力做一个眼勤手快的孩子，抢着帮他们扫地洗菜，甚至洗衣。但伯母，总是用防范的眼神瞅着我，不时地说几句。菜要多洗几遍知道吗？碗要小心放。别碰坏洗衣机，贵着呢。农村孩子，本来就自卑，她这样一来，我更加自卑，于是平常在他们家，我都敛声静气着。

亲戚家的屋旁，有条小河，河边很亲切地长着一些洋槐树。这是我们乡下最常见的树，看到它们，我会闻到老家的味道。我喜欢去那里，倚着树看书，感觉自己是只快活的小鸟。洋槐树在五月里开花，花白，蕊黄，散发出甜蜜的气息。每个清晨和傍晚，我几乎都待在那里。

不记得是哪一天看到那个少年的了。五月的洋槐花开得正密，他穿一件红色毛线外套，推开一扇小木门，走了出来。他的手里端着药罐，土黄色，很沉的样子。他把药渣倒到小河边，空气中立即弥漫了浓浓的中草药味。少年有双细长的眼，眉宇间，含着淡淡的忧伤。他的肤色极白，像头顶上开着的槐树花。我抬眼看他时，他也正看着我，隔着十来米远的距离。天空安静。

这以后，便常常见面。小木门"吱呀"一声，他端着沉的药罐出来，红色毛衣，跳动在微凉的晨曦里。我知道，挨河边住着的，就是他家。白墙黛瓦，小门小院。亦知道，他家小院里，长着茂密的一丛蔷薇，我看到一朵一朵细嫩粉红的花，藏不住快乐似的，从院内探出头来，趴在院墙的墙头上笑。

一天，极意外的，他突然对着我，笑着"嗨"了声。我亦回他一个"嗨"。我们隔着不远的距离，相互看着笑，并没有聊什么，但我心里，却很高兴很明媚。

蔷薇花开得最好的时候，少年送我一枝蔷薇，上面缀满细密的花朵，粉红柔嫩，像年少的心。我找了一个玻璃瓶，把它插进水里面养，一屋子，都缠着香。伯母看看我，看看花，眼神怪怪的。到晚上，她终于旁敲侧击说，现在水费也涨了。又接着来一句，女孩子，心不要太野了。像心上突然被人生生剜了一刀似的，那个夜里，我失眠了。

第二天，我苦求一个有宿舍的同学，情愿跟她挤一块儿睡，也不愿再寄居在亲戚家里。我几乎是以逃离的姿势离开亲戚家的，甚至没来得及与那条小河作别。那一树一树的洋槐花，在我不知晓的时节，落了。青春年少的记忆，成了苦涩。

转眼十来年过去了，我也早已大学毕业，在城里安了家。一日，我在商场购物，发觉总有目光在追着我，等我去找，又没有了。我疑惑不已，正准备走开，一个男人，突然笑微微站到我跟前，问我，你是小艾吗？

他跟我说起那条小河，那些洋槐树。隔着十来年的光阴，我认出了他，他的皮肤不再白皙，但那双细长的眼睛依旧细长。

——我母亲那时病着，天天吃药，不久就走了。

——我去找过你，没找到。

——蔷薇花开的时候，我会给你留一枝最好的，以为哪一天，你会突然回来。

——后来那个地方，拆迁了。那条小河，也被填掉了。

他的话说到这里，止住。一时间，我们都没有了话，只是相互看着笑，像多年前那些个微凉的清晨。

原来，所有的青春，都不会是一场留白，不管如何自卑，它也会如五月的槐花，开满枝头，在不知不觉中，绽放出清新甜蜜的气息来。

我们没有问彼此现在的生活，那无关紧要。岁月原是一场一场的感恩，感谢生命里的相遇。我们分别时，亦没有给对方留地址，甚至连电话也不曾留。我想，有缘的，总会再相见。无缘的，纵使相逢也不识。

我曾如此纯美地开过花

那年，我高考失利，到邻县一所中学去复读。学校周围，住一些人家，小门小院，家家门前长花长草，还有一些泡桐树。高大得很，枝叶儿疏疏密密地掩了人家的房。四五月的时候，泡桐树开花，一树一树淡紫的花，撑在房子上空，像给房子戴上了花冠。我喜欢在清晨捧了书，跑到那些树下读。那个时候，我也成了大自然中的一个，我忘了乡下孩子的自卑，变得很快乐。

在无数个清晨之后，我遇到了那个男孩子。他穿一身白色运动衣，在练退步走，黑发飞扬，朝气蓬勃。我当时正捧着书，怕他撞到我，我退到旁边去，他发现了，笑着跟我点点头，道一声谢谢，又继续他的退步走。

我只觉得眼前有阳光在飞。那个笑容，从此印在我的脑海中，挥之不去。这以后，我在清晨读书时，开始有了期待，每天听着他的跑步声临近，又听着他的跑步声远去，心里有头小鹿在跳。

后来在学校，人群里相遇，他显然认出了我，隔着一些人，他递给我一个笑，熟稔的，绵长的，有某种默许似的。我的脸，无端地红了，也还他一个笑。除了笑一笑，我们再没说过一句话。

梦里开始晃着一个影子，很多的时候，并看不真切，像远远开着的一树花，一团粉，或一团白。我开始嫌自己不够漂亮，对着镜子，把清汤挂面样的头发，拨弄了又拨弄。母亲纳的布鞋，母亲缝的土布衣，多么让我难过！我变得很忧伤。那些捉不住的忧伤，雾岚般的，淡淡地飘在我的日子里。

泡桐花落尽的时候，我要回我家乡的学校参加高考。走的那天清晨，我最后一次去学校门前的路上晨读，那个男孩，依然来晨跑，穿一身白色运动衣。他跑过我身边时，放慢脚步，送我一个笑，又慢慢加了速跑远。望着他的背影，我被疼痛瞬间击中，我在那个清晨，流下了眼泪。我很想很想对他说一声再见，但最终什么也没说。

人的一生所经历的，并非只有轰轰烈烈才成记忆。在泡桐花盛开的时节，我自然而然会想起他，我会痴痴发一回愣，而后微笑起来。我望见了我柔软的青春，不后悔，不遗憾，因为我曾如此纯美地开过花，对岁月，我充满感恩。

一朵栀子花

从没留意过那个女孩子,是因为她太过平常了,甚至有些丑陋——皮肤黝黑,脸庞宽大,一双小眼睛老像睁不开似的。

成绩也平平得很,字写得东扭西歪,像被狂风吹过的小草。所有老师极少关注到她,她自己也寡言少语着。以至于有一次,班里搞集体活动,老师数来数去,还差一个人。问同学们缺谁了。大家你瞪我我瞪你,就是想不起来缺了她。其时,她正一个人伏在课桌上睡觉。

她的位置,也是安排在教室最后一排,靠近角落。她守着那个位置,仿佛守住一小片天,孤独而萧索。

一日课堂上,我让学生们自习,我则在课桌间来回走动,解答学生们的疑问。当我走到最后一排时,稍一低头,我闻到一阵花香,蜜甜的,浓稠的。窗外有风,淡淡地拂着,是初夏的一段和煦时光。教室门前,一排广玉兰,花都开好了,一朵一朵硕大的花,栖在枝上,小白鸽似的。我以为,是那种花香。再低头闻闻,不对啊,这分明是栀子花的香。栀子开了么?

我的眼睛搜寻了去,很快就发现了,一朵凝脂样的栀子花,小白蝶似的,簪在她的发里面。我不由得向她倾了身子去,笑道:"好香的栀子花呀,我也很喜欢这种花呢。"她正在纸上信笔涂鸦,一道试题,被她支解得七零八落。猛然间闻听我说话，吓了一跳，抬了头怔怔看我。当看到我眼中的一抹笑意，她的脸，迅速潮红，她不好意思地抿一抿嘴，笑了，笑得又拘谨又可爱。

余下的时间里，我发现她坐得端端正正，认真做着试题。中间居然还主动举手问了我一个她不懂的问题，我稍一点拨，她便懂了。我在心里叹，原来，她也是个聪明的孩子呀。

隔天，我发现我的教科书里，多了一朵栀子花。花含苞，但香气却裹也裹不住地漫溢出来。我猜是她送的。往她座位看去，便承接住了她含笑的目光。我对她笑着一颔首，表示感谢。她脸一红，又笑起来，竟有着羞涩的妩媚。其他学生不知情，也跟着笑。我对她眨眨眼，不解释，守着这个秘密，她知道，我知道。

在这个秘密守候下，她发生了翻天覆地的变化，活泼多了，爱唱爱跳，同学们慢慢都喜欢上她。她的成绩也大幅度提高，让所有教她的老师，都很惊讶，大家惊喜地说："呀，真看不出这孩子，还挺有潜力的呢。"

几年后，她出人意料地考上一所名牌大学。在一次寄我的明信片上，她写了这样一段话："老师，我有个愿望，想种一棵栀子树，让它开许多许多漂亮的栀子花。然后，一朵一朵，送给喜欢它的人，那么这个世界，便会变得无比芳香。"

是的是的，有时，我们无需整座花园，只要一朵栀子花。一朵，就足以美丽我们一生。

一树一树梨花开

多年以前,在那个春风拂拂的季节里,在一树一树梨花开得正烂漫的时候,我们第一次触摸着了死亡。那年我们十七岁,梨花一样的年龄,梨花一样地烂漫着。

被死亡召去的,是一个和我们一起吃着饭读着书上着课的女孩儿。女孩儿姓宋,犹如宋词里那个弹箜篌的女子,文文静静纤纤弱弱的,平时成绩不好也不坏,与同学的关系不疏也不密。记忆中的她,大多数时候,是安安静静一个人坐着,捧本书,就着窗外的夕阳读。

是在一个阳光融融的春日上午,她没来上课。平时有同学偶尔缺半天一天课的,这挺正常,所以老师没在意,我们也没在意,上课下课嬉戏打闹,一切如旧。但到了午后,有消息突然传来,说她死了,死在去医院的路上,是突发性的脑溢血。

教室里的空气,刹那间凝固成稠状物,密密地压迫着我们的呼吸。所有正热闹着的语言动作,都雷击似的僵住了,严严地罩向我们的,不知是悲,是痛,还是悲痛的麻木。更多的是不可思议——怎么死亡离我们会这么近呢?

别班的同学,在我们教室门口探头探脑,她的死亡,使我们全班同学都成了他人眼里的同情对象,我们慌恐得不知所措。平时的吵吵闹闹,在死亡面前显得多么无足轻重啊。我们年轻的眼睛互相对望着，互相抚慰着，只要好好活着，一切的一切，我们原都可以原谅的啊。

死亡使我们一下子变得亲密无间，我们兄弟姐妹般地团团围坐在一起，小心翼翼地轻抚着有关她的记忆：下雨天，她把伞借给没伞的同学；她把好吃的东西带到宿舍，大家分着吃；她把身上的毛线衣脱下来，给患感冒的同学穿；她的资料书总与大家共享；她很少与人生气，脸上总挂着微笑……回忆至此，我们除了痛惜，就是憎恨我们自己了，怎么没早一点儿发现她的好呢？我们应该早早地成为她的朋友、知己，应该早早地把所有的欢乐都送给她的啊。我们第一次触摸到了死亡时，也第一次懂得了什么叫珍惜。

我们去送她。她家住在梨园边，她的棺材停放在梨园里。因当时国家开始抓殡葬改革，兴火葬，她按规定也必须化成一缕轻烟飘散。但她的家人死活也不舍得破了她年轻的容颜，所以，把她藏到梨园深深处。

我们有些浩荡的队伍，像搞地下工作似的，在一树一树的梨花底下穿行着。这样的举动减缓了我们的悲痛，以至于我们见到她时，都出奇的冷静。我们抬头望天，望不到天，只见到一树一树雪白的梨花。在梨花堆起的天空下，她很是安宁地躺着，熟睡般的。我们挨个儿走过去，静静地看她，只觉着，满眼满眼都是雪白的梨花。恍惚间，我们都忘了落泪。

最终惹我们落泪的不是她，而是她的父母。我们走出梨园时，她的母亲哭哑着嗓子、佝偻着身子向我们道谢，在旁人的搀扶下。那飘忽在一片雪白之上的无依无靠的痛楚，震撼了我们年轻的心。事后，我们空前团结起来，争相去做她父母的孩子，每个周末都结伴去她家，帮着做家务，风雨无阻。这样的行动，一直延续到我们高中毕业。

如今，我们早已各奔东西，不知故土的那片梨园还在不在了。若在，那一树一树的梨花，一定还如当年一般地灿烂着吧？连同一些纯洁着的心灵。记忆里最深刻最永久的一页，是关于死亡的。只有记取了死亡，才真正懂得，活着，是一件多么幸运与幸福的事。

你并不是个坏孩子

一个自称陈小卫的人打电话给我,电话那头,他满怀激动地说:"丁老师,我终于找到你了。"

他说他是我十年前的学生。我脑子迅速翻转着,十来年的教学生涯,我换过几所学校,教过无数的学生,实在记不起这个叫陈小卫的学生来。

他提醒我:"记得吗,那年你教我们初三,你穿红格子风衣,刚分配到我们学校不久?"

印象里,我是有一件红格子风衣的。那是青春好时光,我穿着它,蹦跳着走进一群孩子中间,微笑着对他们说:"以后,我就是你们的老师了。"我看到孩子们的脸仰向我,饱满,热情,如阳光下的葵。

"我当时就坐在教室最北边一排啊,靠近窗口的,很调皮的那一个,经常打架,曾因打破一块窗玻璃,被你找到办公室谈话的。老师,你想起来没有?"他继续提醒我。

"是你啊!"我笑了。记忆里,浮现出一个男孩子的身影来:个子不高,眼睛总是半睨着看人,一副桀骜不驯的样子。经常迟到,作业不交,打架,甚至还偷偷学会抽烟。刚接他们班时,前任班主任特意对我着重谈了他的情况,父母早亡,跟着姨妈过,姨妈家孩子多,只能勉强管他吃穿。所以少教养,调皮捣蛋,无所不能。所有的老师一提到他,都头疼不已。

"老师，你记得那次玻璃事件吗？"他在电话里问。

当然记得。那是我接手他们班才一个星期，他就惹出一件事来，与同桌打架，打破窗玻璃，碎玻璃划破他的手，鲜血直流。

"你把我找去，我以为，你也和其他老师一样，会把我痛骂一顿，然后勒令我写检查，把我姨妈找来，赔玻璃。但你没有，你把我找去，先送我去医务室包扎伤口，还问我疼不疼。后来，你找我谈话，笑眯眯地看着我说，以后不要再打架了，你打了人，也会让自己受伤的对不对？那块玻璃你也没要我赔偿，是你掏钱买了一块重安上的。"他沉浸在回忆里。

我有些恍惚，旧日时光，飞花一般。隔了岁月的河流望过去，昔日的琐碎，都成了可爱。他突然说："老师，你做的这些，我很感动，但真正震撼我的，却是你当时说的一句话。"

这令我惊奇。他让我猜是哪句话，我猜不出。

他开心地在电话那头笑，说："老师，你对我说的是，你并不是个坏孩子哦。"

就这么简单的一句话，却让他记住了十来年。他说他现在也是一所学校的老师，他也常找调皮的孩子谈话，然后笑着轻拍一下他们的头，对他们说一句："你并不是个坏孩子哦。"

一句话，对于说的人来说，或许如行云掠过。但对于听的人来说，有时，却能温暖其一生。

花盆里的风信子

他一直不是个好学生，惹是生非，自由散漫，不学无术。老师们看到他就摇头，同学们也不待见他。为了让他少惹事，老师们对他说："张星，这次考试，你可以不参加。""张星，星期天补课，你可以不来。"那么，好吧，他乐得逍遥，整日里游东逛西，打发光阴。偶尔坐在教室里，也是伏在课桌上睡觉。

新来的女老师，有双美丽的大眼睛。女老师特别喜欢花草，自己掏钱包，买来很多的花草装点教室。这个窗台上搁一盆九月菊，那个窗台上放一盆吊兰，教室被她装点得像个小花园。

那天，上课铃声响过后，他才拖拖沓沓进教室，却遇见女老师一双微笑的眼。女老师手上托一个小花盆，对他说："张星，这盆花放在你旁边的窗台上，交给你管理，可以吗？"

他有些意外，一时竟愣住了。定睛看去，花盆里只一坨泥，哪里有半点花的影子。女老师看出他的疑惑，笑吟吟说："泥里面埋着花的根呢，只要你好好待它，它会很快长出叶来，开出花来。"

他接下花盆，心慢慢湿润了，第一次有种被人信任的感觉。虽然表面上，他还是一副满不在乎的样子。

他极少再东游西荡，待在教室里的时间，越来越长。他不再伏在桌上睡觉，他给那盆花松土，浇水。他的眼光，常不由自主地望向那个花盆，心里开始有了期待。

春寒料峭的日子，那盆土里，竟冒出了嫩黄的芽。芽最初只有指甲大小，像羞怯的小虫子，探头探脑地探出泥土来。他忍不住一声惊叫："啊，出芽了！"心里的欣喜，排山倒海。同学们簇拥过来，围在他的座位旁，和他一起观看泥土里的小芽芽。弱小的生命，在他们的守望中，渐渐抽枝长叶。三月的时候，葱绿的枝叶间，冒出了一撮泅染着桃粉的花骨朵。不久，这些花骨朵慢慢开了，居然是一盆漂亮的风信子。

他激动地拉来女老师。女老师低头嗅花，微笑地问他："张星，你知道风信子的花语是什么吗？"他茫然地摇头。女老师说："风信子的花语是，只要点燃生命之火，便可同享丰盛人生。"他没有吱声，若有所思地打量着那盆花。桃粉的花朵，像燃烧着的小灯笼，把他黯淡的人生，照得明亮起来。

他开始摊开课本，认真学习。本不是个笨孩子，成绩很快上去了。老师们都有些惊讶，说："张星啊，没看出你这小子还有两下子呀。"他羞赧地笑。曾经坚硬的心，像窗台上的那盆风信子，慢慢地盛开了。有些疼痛，有些欢喜。做人的感觉，原来是这么的好。

后来，他毕业了。由于基础太差，他没能考上大学。但他找到了自己的人生支点，租了一块地，专门种花草。经年之后，他成了远近闻名的花匠，培育出许多品质优良的花卉。其中，有各种各样的风信子。

粉红色的信笺

忘不了我一伸手时,她脸上的惊慌。像只受惊的兔子,两只大眼无处转移了视线,扑楞楞地乱撞着。手攥得紧紧的,一抹潮红,像水滴在宣纸上,迅捷洇满她青春的脸庞。

那是高考前夕,学生们都低头在自修,每颗脑袋像极饱满的向日葵,沉甸甸地低垂着,是丰收前的一种沉重。我在课桌间来回转着圈,不时解答一两个疑问。这期间,她一直目不斜视地坐在座位上,快速地写着什么。她面前摊着课本,但我还是在那课本下,轻易就发现了一张粉红色的信纸,纸上飘着点点梅花,雪花似的。她的字一个个落到那上面,也如同盛开的小花。我站她身后看好一会儿,确信她写的东西完全与学习无关。所以,在她即将写完的时候,我含笑地向她伸出手去:"给我——"虽是温柔的低声的,却不容置疑。她愣怔半天,慢慢把手上的东西递过来。

教室里平静如常,没有学生注意到这边的这一幕。我没看纸上写的东西,而是把那张纸小心地折叠好,递给她,笑着说:"青春的东西,要收收好。"她很意外,吃惊地看着我。我俯过头去,悄声对她说:"老师也曾青春过,这也曾是老师的秘密。"然后直起身来,轻轻拍拍她的肩,对她笑了笑。她脸上的表情开始放松了,最后舒展成一个灿烂的笑。我对她点点头,我说:"看书吧。"她听话地翻开课本,一脸的释然。

半年后，我收到一封从一所名牌大学寄来的信，是她写的，信纸是我见过的那种，粉红色的，上面飘着点点梅花，雪花似的。她在信中写道："老师，感谢你用最美丽的方式，保留了我青春的完整。当时我以为我完了，我不敢想象那后果，我以为接下来该是全班同学的嘲笑，该是校长找了谈话，该是家长到学校来。真的那样之后，我还能抬起头来吗？我不敢想象我能否心态正常地参加高考。"最后她写道："老师，谢谢你，给了我一个台阶，一个最堂皇的理由。"

青春的岁月里，原是少不了一些台阶的，你得用理解、用宽容、用真诚去砌，一级一级，原都是成长的阶梯。

第四辑
天上有云姓白

天上每天都有白云飘过，不知有没有一朵云上有他。

天上有云姓白

他不是我们的正式老师，不过是个高中毕业生。

那年，我们初中快毕业了，教我们的英语老师突然生了病，没有老师能顶上这个缺，于是他来了，跛着一条腿。

据说他是校长的亲戚。不然凭他一个高中毕业生，怎么能来代我们的课？他来代课总有好处的，有不菲的代课费。

——这是消息灵通的同学说的。

他第一天来给我们上课，在我们的灼灼目光中，他一跛一跛的，费了好大的劲，才迈上讲台。有学生在底下终于憋不住，"扑"一声笑出来。这一笑，让他"腾"地红了脸，他窘迫得不敢直视我们，低了头，对着讲台上一摞作业本，半天才憋出一句话来："同学们好，天上有云姓白，我的名字叫白云。"

自此后，有学生远远看见他，就白云白云地叫开了。等他答应一声，回转过身来，殷殷地问："什么事啊？"那个学生会"啊"一声，抬头对着天说："我看天上的白云呢。"他并不恼，呵呵笑一声，也陪着仰头看天。

他的课备得极认真，书上密密麻麻全是红笔注的补充。只是那时我们不懂事，并不知他的艰辛，私下里竟有些瞧他不起，认为他不过是个代课的。所以上课总不好好上，不时打岔，跟他耍贫嘴，甚至有同学在底下吹口哨。每每这时，他都涨红了脸，站在讲台前，一动不动地看着我们。等我们闹够了，他可怜巴巴地问："现在我们开始上课好吗？"然后弯腰跟我们道歉："对不起，对不起，都怪我课讲得不好，让你们没兴趣听。"

教室里突然安静下来，听见窗外风吹叶落的声音。那一瞬，我们有些无地自容，再上课，都听话起来，乖巧起来。他很高兴，课上完了，他说："我要奖励你们。"我们都以为他是说着玩的，再来上课，却见他提来一袋子糖——他自个儿掏钱买的，给我们一人发两颗。

他喜欢扎在学生堆里聊天。有学生好奇地问："你腿咋的啦？"他并不避讳，说："小儿麻痹症落下的。"又说起他很想读大学，但家里穷，弟妹多，上大学成了遥不可及的梦想。"所以呀，你们要珍惜呀，珍惜这样的好时光。"他变得像长者。

一个月后，我们的英语老师病好了来上班，他得走了。这时，班上发生了一件事，一个成绩很好的女生，父亲突然暴病身亡，女生的家一下子塌了，女生提出退学。他知道后，很着急，跛着一条腿，走了十来里的乡间路，到女生家里去。女生的寡母领着五个孩子，齐齐跪倒在他跟前。他的心一下子揪紧了，他说："我会帮你们的。"他掏出身上所有的钱，又许诺，女生以后上学的钱，他会帮衬着。"一定要让她读高中，读大学，她有这个潜力。"他再三恳求，直到女生的母亲答应为止。

我们毕业前夕，他到学校来看我们，来看那个女生。他瘦了，精神却出奇的好。他说："你们要好好读书啊，我很想你们。"这一句话，惹哭了我们许多人。

在我读高二那年，却听说他染上白血病，没多久便走了。他教过的学生，因分散在四面八方，竟没有一人能见上面。他资助过的那个女生，一说起他，就哭得不能自已。

很多年过去了，当年的同学每遇见，都会谈到他。末了大家会叹一声："他是个好人哪。"天上每天都有白云飘过，不知有没有一朵云上有他。

每一棵草都会开花

去乡下，跟母亲一起到地里去，惊奇地发现，一种叫牛耳朵的草，开了细小的黄花。那些小小的花，羞涩地藏在叶间，不细看，还真看不出。

我说，怎么草也开花？

母亲笑着扫过一眼来，淡淡说，每一棵草，都会开花的。

愣住，细想，还真是这样。蒲公英开花是众所周知的，先是开放一朵一朵的浅黄，而后结出一个一个白白的绒球球，轻轻一吹，满天飞花。狗尾巴草开的花，就像一条狗尾巴，若成片，是再美不过的风景。蒿子开花，是大团大团的……就没见过不开花的草。

曾教过一个学生，很不出众的一个孩子，皮肤黑黑的，还有些耳聋。因不怎么听见声音，他总是竭力张着他的耳朵，微向前伸了头，做出努力倾听的样子。这样的孩子，成绩自然好不了，所有的学科竞赛，譬如物理竞赛、化学竞赛，他都是被忽略的一个。甚至，学期大考时，他的分数，也不被计入班级总分。所有人都把他当残疾，可有，可无。

他的父亲，一个皮肤同样黝黑的中年人，常到学校来看他，站在教室外。他回头看到窗外的父亲，也不出去，只送出一个笑容。那笑容真是灿烂，盛开的花朵般的，有大把阳光歇在里头。我很好奇他绽放出那样的笑，问他，为什么不出去跟父亲说话？他回我，爸爸知道我很努力的。我轻轻叹一口气，在心里，有些感动，又有些感伤。并不认为他，可以改变自己什么。

学期要结束的时候，学校组织学生手工竞赛，是要到省里夺奖的，这关系到学校的声誉。平素的劳技课，都被"充公"上了语文、数学，学生们的手工水平，实在有限，收上去的作品，很令人失望。这时，却爆出冷门，有孩子送去手工泥娃娃一组，十个。每个泥娃娃，都各具情态，或嬉笑，或遐想，或奔跑，或静思，或跳跃，又活泼又纯真，让人惊叹。作品报上省里去，顺利夺得特等奖。全省的特等奖，只设了一名，其轰动效应，可想而知。

学校开大会表彰这个做出泥娃娃的孩子。热烈的掌声中，走上台的，竟是黑黑的他——那个耳聋的孩子。或许是第一次站到这样的台上，他神情很是局促不安，只是低了头，羞涩地笑。让他谈获奖体会，他嗫嚅半天，说，我想，只要我努力，我总会做成一件事的。

刹那间，台下一片静，静得阳光掉落的声音，都能听得见。

从此面对学生，我再不敢轻易看轻他们中任何一个。他们就如同乡间的那些草，每棵草都有每棵草的花期，哪怕是最不起眼的牛耳朵，也会把黄的花，藏在叶间，开得细小而执着。

眼泪的力量

多年未见的初中同学意外相遇，笑望中，多少岁月都飘成过往。昔日那个蹦蹦跳跳的少年呢？淡黄的底片上，影像模糊。却清楚地记得，有那样一个李姓老师，身上散发出慈悲的光芒。

教我们那年，他已经很老很老了，满头银丝，戴副金边眼镜。镜片透明，可以清晰地看见镜片后他那双眼睛，小小的，一条缝儿似的。或许不是小，而是他看人时总是眯着双眼。说话语气温和，慈祥得很。偏远中学，那些年缺教师缺得厉害，已退休的他，便一年一年留了下来。

他第一次进课堂，一群年少轻狂的孩子，就试出他是好欺负的。讲台前横七竖八躺着笤帚、簸箕，都是我们这群孩子干的——打闹玩斗，这是少不了的工具。其他老师进来看到这场景，一定大为恼火，而后我们中的某个同学，或某几个同学，便会灰溜溜上去把"战场"收拾好。课后，还得认真写一份检查，在班上朗读，朗读完了，贴到教室的墙上。严重的还得找了那孩子的父母来，一顿更严厉的惩罚是免不了的。

他没有这样做，而是笑眯眯看着我们，温和地说："你们这些捣蛋鬼啊。"他弯腰收拾好散落一地的东西，并顺便把前排学生掉在地上的作业本捡起来，拍去上面的尘土，给那孩子在桌上摆放好。他转身看黑板，黑板上全是我们的涂鸦，展现出一片杂草丛生的荒野。我们以为他就要发火了，却没有，他依然笑眯眯的，认真地评价哪幅画画得不错，哪幅画画得不好，然后拿了黑板擦擦掉，一边吩咐我们朗读课文。我们读得如同鸭叫，他却听得很陶醉，从讲台上走下来，在教室里来回走，眯缝着眼，把我们一一亲切地看过。

再上他的课，我们胆大起来，公然拿了课外书放桌上看。说话的，唱歌的，都有，课堂如同开茶馆。他手足无措站在讲台前，请求般地说："孩子们，可以安静一会儿吗？"这话听得人心里柔软，纵使我们再年少轻狂，也因了这句话，怔一怔，教室里有片刻的安静。他开始解读课文，一个句子，被他重复念了好几遍。他捧着书的样子也可笑，明明戴着眼镜啊，却偏把书捧至鼻翼处，看上去，不是在读书，而是在闻书。这样的课，自是没有生动处，刚刚安静的教室又喧闹起来。

我们的班主任却与他相反，是个血气方刚的年轻人，班上最调皮的男生都怕他。班主任每次遇到李姓老师，都会谦恭地叫声"李老师好"，而后关照："班上有谁不听话，你告诉我就行了。"他每次都摇头，笑着说："孩子们听话着呢。"这话被我们听到，到班上学说，引起一阵哄笑。轮到他上课时，我们变得更是有恃无恐了。

又一次上他的课，有两个学生在课堂下斗嘴，斗着斗着，竟动起手来。教室里很快乱成一锅沸腾的粥。他走过去拉，脸都急红了。混乱中谁听他的？他突然挤到两个动手的学生中间，眼泪从镜片后流下来，他说："你们要打，就打我吧。"

所有的喧闹，一下子沉静下来，空气凝固了。那坠于他腮边的泪，一滴一滴，滴在我们年少的心上。从此，再没有学生在他的课上调皮捣蛋。那一滴一滴晶莹的泪水，教会了我们什么叫善良，什么叫仁爱。

穿旗袍的女人

六年前,我在一个小镇住,小镇上有个女人,三十多岁的模样,无职业,平时就在街头摆个摊,卖卖小杂物,如塑料篮子、瓷钵子什么的。

女人家境不是很好,住两间平房,有两个孩子在上学,还要侍奉一瘫痪的婆婆。家里的男人也不是很能干,忠厚木讷,在一工地上做杂工。这样的女人,照理说应该是很落魄的,可她给人的感觉却明艳得很,每日里在街头见到她,都会让人眼睛一亮。女人有如瀑的长发,她喜欢梳理得纹丝不乱,用发夹盘在头顶上。女人有颀长的身材,她喜欢穿旗袍,虽然只是廉价的衣料,却显得款款有致。她哪里像是守着地摊赚生活啊,简直是把整条街当成她的舞台,活得从容而优雅。

一段时期,小街人茶余饭后,谈论得最多的就是这个女人。男人们的话语里带了欣赏,觉得这样的女人真是不简单。女人们的言语里却带了怨怼,说:"一个摆地摊的,还穿什么旗袍!"隔天,却一个一个跑到裁缝店里去,做一身旗袍来穿。

女人不介意人们的议论,照旧盘发,穿旗袍,优雅地守着她的地摊,笑意姗姗,周身散发出明亮的色彩。这样的明亮,让人没有办法拒绝,所以大家有事没事都爱到她的摊子前去转转。男人们爱跟她闲聊两句,女人们更喜欢跟她讨论她的旗袍,她的发型。临了,都会买一件两件小商品带走,心满意足地。

几年后,女人攒足了钱,再贷了一部分款,居然就买了一辆中巴车跑短途。她把男人送去考了驾照,做了自家中巴车的司机。她则随了车子来回跑,热情地招徕顾客。在来来去去的风尘之中,她照例是盘了发,穿着旗袍,清清丽丽的一个人。她的车也跟别家的不同,车里被她收拾得异常整洁,湖蓝色的坐垫,淡紫色的窗帘,给人的感觉就是雅。所以小镇人外出,都喜欢乘她的车。

她的日子渐渐红火起来,却不料,很意外地出了一起车祸。所赚的钱全部赔进去了,还搭上一辆车和几十万的债务。她的腿部也受了很重的伤,躺在医院里,几个月下不了床。小镇人都说:"这个穿旗袍的女人,这下子倒下去是爬不起来的了。"

可是半年后,她却在街头出现了,干着从前的老本行——摆地摊儿,卖些杂七杂八的日常生活用品。她照例盘发,穿旗袍。腿部虽落下小残疾,但却不妨碍她把脊背挺得笔直,也不妨碍她脸上挂上明亮的笑容。

我离开小镇那年,女人已不再摆地摊了,而是买了一辆出租车在开。过两年,小镇有人来,问及那个女人。小镇人说:"她现在发达了,家里有两辆车子,一辆跑出租,一辆跑长途。"最近又听小镇人说,女人新盖了三层楼房。我问:"她还盘发吗?还穿旗袍吗?"小镇人就笑了,说:"如果不盘发,不穿旗袍,她就不是她了。真的呢,她还跟从前一样漂亮,一点没见老。"

这样的女人,是应该永远活得如此高贵的,是从骨子里透出来的那种高贵,什么样的艰难困苦也湮没不了她。

一把紫砂壶

他姓陈，教我们高中语文。教我们的时候，已六十开外了。

他身材硬朗，唱起京剧来，中气十足。别人问他，陈老师啊，你身体怎么这么好啊？他便笑，晃一晃手里握着的紫砂壶说，全是喝茶喝的。然后呷上一口茶，有滋有味地品咂着，半眯起眼睛，吟出一句诗来，玄谈兼藻思，绿茗代榴花。很有古代文人的遗风。

听说过他的紫砂壶的故事，某一年的某一天，他偶路过一片废墟，废墟上有人正在瓦砾之中捡拾什么。他的眼睛忽然亮了，因为他看到那人，正从瓦砾之中掏出一把紫砂壶来。那人对手里的紫砂壶并不感兴趣，举在手上犹疑地望着。他赶紧走过去，掏出身上仅有的五块钱，买下紫砂壶。

这路啊，要慢慢走，说不定就能在路上拾到宝贝呢，他呷一口茶，笑眯眯说。就有人开玩笑问他，陈老师，您这把紫砂壶是古董吧？他低头看一眼手里的紫砂壶，说，你当它是，它就是，你当它不是，它就不是。

没见过他离开过他的紫砂壶。即便上课，他也会带进教室来，课讲到精彩处，他突然停下来，捧起茶壶，喝上一口茶。眼睛渐渐眯起来，眯成一条缝，很陶醉的样子。

那个时候，他特别欣赏我的作文，每逢作文评讲课，必把我写的作文，拿到班上当范文读。他手捧紫砂壶，呷一口茶，读一段我的作文。他说，好好努力下去，你定会写出成绩来的。我在课堂下点头。那些时光，溢满芳香。

同学之间，偶有纷争，"官司"打到他那儿。他不批评这个，也不批评那个，慢慢喝着他的茶，听我们说。等我们说完了，他问，说完了？我们回，是。他再喝一口茶，眯着眼睛笑，说，说完了就去好好念书罢。我们不知所措地愣一愣，所有的气，一瞬间全消了，转身走开。他突然叫住我，指指手中的紫砂壶对我说，小丫头，记住，有容乃大。然后不管我听没听明白，挥挥手让我去读书。

总是见他笑眯眯的样子。只一次，看到他落泪，眼泪在镜片后，化成一片疼痛的雾。那是我们班一个女生，突发脑溢血死了，他听到这个消息时，正在上课，当时就站在讲台前哭了。那节语文课后来没上，他让我们写作文，悼念那个女同学。我们都写得很动情。作文本子交上去后，他一本一本看，看得极慢，不时摘下眼镜擦眼泪。

那一日，他在办公室一直待到夜里面。我们下晚自修回宿舍，从办公室门口过，看到他的身影，和紫砂壶一起，在灯光下静穆着。我们的心，刹那间溢满疼痛，也溢满了感动。

口　红

女人想要一款口红，想好久了。

玫瑰红的。女人看见来她地摊前的女顾客唇上，抹着那种色彩的口红。女顾客的嘴唇看上去娇嫩欲滴，像两瓣玫瑰花。女人的眼光扫过去，女人就移不开眼光了。

女人后来又在不同的女顾客唇上，看到了那种红，娇嫩的，鲜艳的。

女人也想这么鲜艳一回。

大半辈子过下来，女人一直生活在奔波忙碌中。小时，家里兄弟姐妹多，不用说口红，连吃穿都成问题。待到嫁了人，男人与孩子，成了女人的天，女人围着他们团团转，根本没有心思去装扮。孩子稍大一些，女人和男人，双双下了岗，当务之急，是解决生存问题。口红？女人压根儿就没想过这回事。后来，男人去开出租，女人摆了地摊，卖些杂七杂八的小物件。

女人的摊子，摆在一条街道边。那里，有一溜儿排开的摊子，卖水果的，卖服装的，卖烧烤的，卖小炒的，烟火凡尘，熙熙攘攘。摊主大多数是些中年妇女，她们衣着随便，皮肤黝黑，看上去比实际年龄大许多。女人看见她们，就望见自己，她在心里叹一口气，想要那款口红的欲望，越发强烈了。

这辈子，女人就想鲜艳一回。

很快，女人的生日到了。男人问："想要什么？"

女人没好意思说要口红。女人怕吓着男人，摆地摊与抹口红是不搭界的。何况，她年纪已是一大把了。

女人却无法放下对那款口红的想念。

女人终于鼓起勇气走进商场。在化妆品柜台，她一眼就看到了那款口红。千真万确，就是它，玫瑰红的！它站在柜台上的商品架里，和其他口红一起，鲜艳娇嫩，等着嘴唇来与它相亲。

女人激动了，她在商品架旁不停地打转，怕别人瞧见了笑话，她只能看一眼那款口红，再看一眼别的化妆品。卖化妆品的女孩，甜甜蜜蜜地朝她走过来，涂得鲜红的两片小嘴，轻轻张开："阿姨，您想买什么？"

女人盯着女孩两片嘴唇看，慌了，伸手一指："我想要点凡士林，天天风里吹的，手都裂了小口子了。"

女孩粲然笑了："阿姨，我们这里不卖凡士林的，要不，您去超市看看？超市可能有。"

女人尴尬地"哦"了一声，红了脸，退出门去。心却不甘，她在大门口徘徊半天，终又再次走进商场。

这回，女人直奔那款口红去了。女人未等卖化妆品的女孩开口，就指着那款口红说："我想买……这个，送给我女儿。"女人撒了谎，她只有一个儿子，并无女儿。

口红的价钱，超出女人的想象，一百多块呢。女人还是买下它。

女人揣着口红回到家，立即对着镜子，在唇上抹开了。镜子里的红唇，像两瓣玫瑰花。女人独自欣赏了会儿，拿纸巾，轻轻擦掉。

出门，女人继续去摆她的地摊，容光焕发。和她相邻摆水果摊的妇人，盯着女人的脸看半天，说了句："你今天的气色真好。"

女人笑了。因为心上装着一款口红，整个人，竟不一样了。女人想，以后每天都这么抹两下，美给自己看。

萝卜花

萝卜花是一个女人雕的,用料是胡萝卜,她把它雕成一朵一朵月季的模样。花盛开,很喜人。

女人在小城的一条小巷子里摆摊,卖小炒。一个小气罐,一张简单的操作平台,木板做的,用来摆放锅碗盘碟,她的摊子就摆开了。她卖的小炒只三样:土豆丝炒牛肉,或炒鸡肉,或炒猪肉。

女人三十岁左右,瘦,皮肤白皙。长头发用发夹别在脑后。惹眼的是她的衣着,整天沾着油锅的,应该很油腻才是,却不。她的衣服极干净,外面罩着白衣。衣领那儿,露出里面的一点红,是红毛衣,或红围巾的红。过一会儿,围裙有些脏了,袖套有些脏了,她就换下来——她每天备着好几套。

很让人惊奇且喜欢的是,她每卖一份小炒,必在装给你的碗里,放上一朵她雕刻的萝卜花。"这样才好看。"她说。

不知是因为女人的干净,还是她的萝卜花,女人的摊前总围满人。五块钱一份小炒,大家都很耐心地等待着。女人不停地翻铲,而后装盘,而后放上一朵萝卜花。于是,一朵一朵的萝卜花,就开到了人家的饭桌上。

我也去买女人的小炒。去的次数多了,渐渐知道了她的故事。

女人原先有个殷实的家。男人是搞建筑的，但不幸从尚未完工的高楼上摔下来，女人倾尽所有，才抢回男人的半条命。

接下来怎么过日子？年幼的孩子，瘫痪的男人，女人得一肩扛一个。她考虑了许久，决心摆摊卖小炒。有人劝她，街上那么多家饭店，你卖小炒能卖得出去吗？女人想，也是，总得弄点和别人不一样的东西。于是她想到了雕刻萝卜花。当她静静坐在桌旁雕着时，渐渐被自己手上的美好镇住了，一根再普通不过的胡萝卜，在眨眼之间，竟能开出一小朵一小朵的花来。女人的心，一下子充满期待和向往。

就这样，女人的小炒摊子摆开了，并且很快成为小城的一道风景。下班了赶不上做菜的人，都会相互招呼一声，去买一份萝卜花吧。就都晃到女人的摊前来了。

一次，我开玩笑地问女人："攒多少钱了？"女人笑而不答。一小朵一小朵的萝卜花，很认真地开在她的手边。

不多久，女人盘下一家酒店，她负责配菜，瘫痪的男人被接到店里管账。女人依然衣着干净，在所有的菜肴里，依然喜欢放上一朵她雕刻的萝卜花。"菜不但是吃的，也是用来看的呢。"她说，眼睛亮着。一旁的男人，气色也好，没有颓废的样子。

女人的酒店，慢慢地出了名。大家提起萝卜花，都知道。

生活，也许避免不了苦难，却从来不会拒绝一朵萝卜花的盛开。

放风筝

女人想放风筝。

三月天，阳光温暖得像一朵朵花。南来的风，渐渐变得柔软起来温情起来，抚摸着每一个路过的人，抚得人的骨头都发了酥。女人的心里，生出一根长长的藤蔓来，向着风里长啊长：这样的风，多适合放风筝啊。

是打小就有这个愿望的，要在三月的风里，尽情地放一回风筝。女人的父亲去世得早，母亲又多病，她是家里的长女，早早便承担起养家的责任。女人清楚地记得，那个时候，也是三月天，桃花一枝一枝的，在人家屋前绽放。风轻轻拍打着村庄。弟弟妹妹们拿了破牛皮纸，糊在竹片上，制作成简易的风筝，在田埂边放飞，快乐的叫声震天震地。女人也只是远远望一眼，羊还在等着吃草，母亲的药还在等着煎，她哪里有那份闲空和闲情呢？

也终于等到弟弟妹妹们长大，女人这才卸下肩上的担子。这个时候，女人早到了出嫁年龄，收拾一番，她把自己嫁了。家也不富裕，男人常年在外打工，女人守着家，操持着家务和农活。曾经放风筝的愿望，已是隔着山隔着水的，摸也摸不着。

后来，女儿出生了，女人的全部心思，都放到了女儿身上。女儿是幸运的，每年三月，男人都会给女儿买一只风筝回来。女人看风筝的眼睛，不自觉地就会汪上一汪水。多漂亮的风筝啊，像花蝴蝶呢，女人在心里叹。忍不住伸出手来，摸了又摸。

男人根本没留意女人的眼光，男人说，我陪孩子放风筝去啦，你把我包里的脏衣服洗一下。男人每次回家，都要拎回一大包脏衣服，由女人洗干净了，他再带出去穿。女人缩回手，答应一声，好。拿了澡盆，泡上脏衣服，开始埋头洗。心却是不安的，直到她抬头看见女儿在田埂边拍手跳，看见"花蝴蝶"飞上天了，越飞越高，越飞越高，女儿和男人跟着"花蝴蝶"在奔跑，女人这才笑了。女人痴痴看一会儿，复埋下头，一心一意洗衣服。女儿和男人的快乐，就是她的快乐。

女儿大了，念完大学，留在城里，有了自己的小天地。男人也不再外出打工了，在家里帮女人种种地，养些鸡鸭鹅的。家里虽仍不富裕，但吃穿不愁。女人突然松懈下来，在大把的时间里发呆，曾经以为湮灭掉的愿望，开始在心里泛着水泡，让她不得安神。她对男人说，我想放风筝。

放风筝？男人笑了，以为女人在开玩笑。都五十来岁的人了，怎么想玩孩子们玩的玩意儿？这不让人笑话么！男人就说，好端端的，放什么风筝呢？

女人执拗地说，我就是想放风筝。

男人看看女人，再看看女人，女人的神情，从未有过的认真。男人心里"咯噔"了一下，男人依稀记起以前女人看风筝的神情，恋恋的。是他疏忽了，女人是很喜欢风筝的。

男人去买了一只风筝，花花绿绿的，像只漂亮的花蝴蝶。女人摸着"花蝴蝶"，眼睛里慢慢汪上一汪水。三月的风里，"花蝴蝶"飞上天，女人的心，跟着飞啊飞。能这么放一回风筝，这辈子没白活，女人扯着风筝的线，幸福地想。

远远近近的人，都停下来看。他们不看风筝，看放风筝的女人。四野安静，头上已霜花点点的女人，成了一道风景。

我认识的那些人

我认识菜场那个卖菜的大妈，她每天提着篮子，守在菜场边上卖菜。她的老伴前些年去世了，她一个人度日，并不见愁苦。她指着篮子里的菜，很是自得地说，都是我自个儿种的。有时青菜。有时韭菜。有时萝卜。有时还卖葱。我问她买的次数多了，她把我当自家人，追着我要送我葱。我不要。她说："傻孩子，葱用油一炸，炒菜很香的。"我当然知道很香，可我不能白要她的东西呀。为了报答，有时不要买青菜，我也拐去她那儿，买上一小把。我乐意这样做，乐意看着她朴实的笑容，想想我在乡下的母亲。

我认识菜场拐角处，那对炒瓜子的山东夫妇。夫妇俩个头差不多，一样的黑脸庞，一样的憨厚和壮实。甚至连说话的样子，也极像。有人说，夫妻待久了，像兄妹。还真是。他们带着一个孩子，两三岁的样子，满地爬。大锅子架在炭火上，锅里一锅的葵花籽，男人甩开膀子炒，女人在一边帮着用筛子筛。后来，我看他们新添了一台炒瓜子的机器，再炒瓜子，省力多了。他们的生意相当不错，男人称秤，女人装袋收钱，临了总送上憨憨的一笑："走好啊。"听得人心里暖暖的。

过年脚下，他们的生意最忙。问他们回家过年不？他们淡淡地答："等淡季再回吧。"复又笑着补充："一家人都在，在哪儿过年都一样的。"

夏天的时候，不见了他们，估计他们回老家了。他们卖瓜子搭的架子还在，走过那儿时，我会不经意地想一想他们，想他们在山东老家，正干什么呢，种蔬菜？长葵花？我知道，秋深的时候，他们一家三口，会再远足过来，摆摊卖瓜子。

卖水果的女人，摊子摆在巷头。皮肤黝黑，身材瘦小，看不出她的实际年龄，或许四十，或许五十。每天凌晨四五点，她就要去郊区的水果批发市场批发水果，然后拉过来摆摊子。这一待，得待到晚上八九点，才收摊回家。她的儿子却不学好，书不好好念，高中没念完，辍学了，整天跟一帮小混混后面鬼混。她的眼泪没少流，见人就叹气，唉，养了个不肖子。一天，我去买水果，她突然欣喜地告诉我："老师，我儿子找到工作了，他在一家饭店里做帮厨，他现在，开始懂事了。"女人笑着说着，说着笑着，快乐藏也藏不住。我走时，她执意要多送我两个苹果，我收下了。母亲的要求，从来都是很浅很低。母亲的幸福，从来都是极容易得到满足。

踏三轮车的那个中年男人，我也认识。他常常把车子，停在我们的学校门口，等客。从乡下来看孩子的家长，每天都有那么几个。他有时戴一顶蓝色帽子，有时戴一顶白色的。车子上，还别出心裁悬一小灯笼，很喜气。无客的时候，他坐在车上，翻看一些报纸。有天放学，我路过，他叫住我："老师，你看，这个资料有用吗？"我凑近一看，是一份时政测试题。他笑着解释："我儿子明年要参加高考了，他选的文科，我得先替他留意着。"我看着他，感动，觉得他的伟大，一个平凡父亲的伟大。

我还认识，住在我楼下的老两口。老爷子脾气古怪些，看见人，不苟言笑。据说，他原先做过一个学校的校长。老太太性格刚好与他相反，看见人，远远就招呼，无论大人，无论小孩。声音嘎嘣嘎嘣的，脆得很，热情洋溢。他们在路上走，一般老爷子在前，老太太在后，距离拉得老远，一个威严着一张脸，一个笑容可掬。我常奇怪这两个人，怎么相处一生的。一日,我在阳台上晾衣,随意往楼下看了看,刚好看到他们在院子里,老太太坐在椅子上,老爷子戴着老花眼镜,蹲在一边,正帮她剪手指甲呢。风趣的笑声,朗朗的。我很意外,甚至吃惊起来,啊,他也是会笑的。他的笑与风趣,专门给她一个人留着。

更多的时候,在他们的小院子里,我望见的是一些晒着的东西,鞋,衣裳,书籍。有次还看到,白花花的阳光下,晾了一院子的雪里蕻。那上面,有她的温度,有他的温度,那是一辈子相依的温度。

小 艾

我是在去乡下的路上，看见那朵花的。仅仅一朵，橘红，艳得像一枚红纽扣。彼时，风正袭裹着寒潮，铺天盖地而来。秋深了。满目的衰败，与仓皇的撤离，不闻虫叫，连飞鸟也少了许多。只有不怕冷的小麻雀，在渐次枯萎的草丛里，寻寻觅觅。

花盛开。它的周围，狗尾巴草和蒲公英，早就瑟缩成一团。连耐寒的菊花，也萎了下去，开始做冬天的梦。它却昂昂然，小脸蛋在风中，挣扎得通红通红。它是深秋天里的小英雄。

我在那朵花跟前停下来，我仔细打量它，我搜肠刮肚着，也没想出它的名字来。它或许本就没有名字，它只是一棵寻常的野草，在这个深秋天里，它旁若无人地，绽放出属于它自己的梦想。

我想到了老家的小艾，和她六岁的儿子。

小艾很小的时候，父母离异，一河之隔，父亲住河南岸，母亲住河北岸，她跟了父亲。父亲好酒，每喝必醉，每醉必打她。童年的小艾，整天趿着一双破布鞋，提着一只破篮子，在田埂上晃悠。衣袖上积满厚厚的污垢，泛着黑油油的光，神情木呆呆的。村里人都说，这丫头，脑子被她酒鬼老子打坏了。再唤她，前面就加了个"呆"字。呆小艾——村人们这么唤。小艾听到唤，抬起眼皮看一下，复又低下眼皮去，面上无欢喜，也无悲伤。

这样的小艾，如荒野一棵草，自生自长着，谁都不把她当回事。也念过两年书，但小学没毕业，就回了家，帮父亲干农活。

十八岁，小艾出落成大姑娘了，圆圆的脸庞，满月一般的。也是在这个时候，村人们才发现，原来，小艾长得还挺好看的。说媒的上门了，小艾没别的要求，只要求对方，唤她小艾，而不是呆小艾。

小艾嫁了。所嫁的男人，比小艾大六岁，在外做小生意。小艾跟着男人一起打理小生意，日子竟很快红火起来。再回村，小艾抱了刚满月的儿子，提着大包小包的礼物，旁边跟着她的男人，是一幅让人眼馋的幸福美满图。村人们争相跟小艾打招呼，一口一个小艾地叫着，小艾一路笑着应。她的背后，是村人们一地惊讶的叹息，没想到，呆小艾有呆福，嫁了个好人家。

小艾的幸福并没有持续多久，她白白胖胖的儿子，居然有智力缺陷。同龄的孩子，早就会跑会跳了，他却连站都站不稳。别的孩子把儿歌念得像小鸟婉转啁啾，他才结结巴巴会叫妈妈。小艾的男人起初还抱着希望，带着儿子天南地北去看病，然这种病又如何治得了？最后，男人竟动了坏心思，想抛弃智障儿子。小艾死活不肯，她跟男人离了。从此，与儿子相依为命。

小艾出事是在一个下雨天。那日，她骑车经过一座危桥，从桥上摔下去。这一摔，把她摔得昏迷过去，无知无觉，如同死去一般。不少人跑去看她，看后，都摇头，说，该料理她的后事了。

小艾六岁的智障儿子，根本不明白发生什么事了。他像往常一样，趴到小艾身边，用小手猛拍小艾的脸，一边拍一边叫，妈妈，妈妈，你陪宝宝玩。

有人看不下去了，把他抱开去。过一会儿，他又跑过来，伏到小艾枕边，拍打小艾的脸，吵着要小艾陪他玩。

一天又一天，他就这样不停地拍打着小艾的脸。

半个月后，小艾竟被他拍醒了。小艾说，我听到儿子一直在叫我。

生命的坚韧，有时超出我们的想象。谁知道一棵草的心里，怀着怎样的梦想？谁知道卑微和弱小的身躯里，有着怎样的爆发力？奇迹往往藏在那里面。平凡的岁月，因此值得我们热爱和期待。

房医生

房医生的门诊，说起来有点难为情：痔疮门诊。

痔疮是种常见病，"十人九痔"嘛。无论你是如何的体面，一旦被痔疮缠上，疼得吃不消了，最终也不得不丢下"体面"，往痔疮门诊跑。

房医生的门诊，一直是全院最忙的，天天人满为患。不时有人急匆匆走来问，房医生呢？答曰，在手术室呢。于是，急的人也急不得了，且坐着慢慢等吧。这一等，也许要等上一上午，还要加一下午。房医生进了手术室，可能一天也出不来。午饭是盒饭，饭送来，他匆匆在手术室门口对付两口，又一头没进手术室，——排队等他做手术的人实在太多了。

我跟房医生认识，是因为儿子。儿子也患了这种病，原以为挨挨就好了，可最后发展到走路都疼的地步。不得已，去找房医生。

挂号预约，又托熟人开后门，几天后，才得见。

别怕，没啥大问题，做个小手术，很快就好了。房医生察看了我儿子的痔疮，轻轻拍拍我儿子的屁股，安慰道。

房医生五十来岁，中等个头，微胖，抬头纹挺深的——倘若放些小豌豆进去的话，大约不会掉下来。房医生很爱笑，笑起来就像好天气。病人们爱亲近这样的他，他的门诊室，总是笑语飞扬的。

儿子手术后，得天天去换药，我陪他一起，见识了房医生的繁忙。

这个叫，房医生，你来看看我的伤口。那个叫，房医生，我什么时候能手术啊？他一律笑着应，快了，就快轮到你了。一个病人换好药了，又一个病人脱下裤子趴过去，中间几无间隙。

病人们相互取笑，寻问各自的伤口愈合得如何，齐夸房医生人好，医术好，是个顶顶尽心尽职的好医生。就有病人讲了一段关于房医生的故事：

一天，一个男人急慌慌推着自己的老娘来找房医生，男人的老娘已十多天大便出不来，难受得一个劲直哼哼，好几天粒米未进，人虚弱得快不行了。房医生查看了老太太的情况，一向温和的他，难得地发飙了，骂了男人，责怪男人送晚了，因为老太太的痔疮已相当严重了。他当即把老太太推进手术室。后来，老太太的身体一天一天恢复，吃嘛嘛香。老太太高兴坏了，逢人便说，是房医生救了她，帮她挣来了阳寿。她特地捉了些小鸡养着，那些鸡生的蛋，她全要送给房医生吃。

你们知道房医生当时对男人的老娘做了什么吗？那病人卖关子似的问众人。

众人皆摇头，急等他的下文。

老太太的大便不是出不来么？手术前，是房医生用手，一点一点帮老太太把大便抠出来的。那病人说到这里，停顿了一会，啧啧叹，这种事情，做儿子的都不会做的。

一片寂静。没人说话，大家都扭头去看房医生，房医生正忙着呢，一手剪刀、一手纱布的。有人为核实真伪，凑过去问房医生，这事可是真的？房医生轻轻笑笑，说，这就是我的工作嘛，没什么的。问的人再想说什么，房医生拿他开玩笑，说，你的屁股比你的脸要黑哦。大家"哄"的一声笑开来。

我很唐突地问过房医生一个问题，房医生，你有没有想过换个门诊，比方说，换到内科？房医生笑了，不紧不慢回我，我就学的这个专业，怎么换？再说，这个门诊开在这里，总得有人来坐诊。

那你千万别退休，不然，害了痔疮的病人们找谁去？我真心实意地说。心里挺替后来的病人担忧着，哪里能碰到房医生这么好的医生呢？

房医生听了，是真乐了，他哈哈笑出声来，看向门外。那里，有几个年轻的医生走过。他说，你放心吧，我走了，自然会有人来接我的班，从前我也是接替的一个老医生的。这人啊，就跟流水似的，一波走了，一波又涌上来了，人生代代无穷已嘛。

修车人

修车人姓蒋，人称蒋大。五十出头的年纪，瘦小的个子，看上去，不像个干得动重活的人。他却能在眨眼之间，把坏掉的轮胎卸下来，一通鼓捣，再重新装上去。

有幸见识他的手艺，是在冬天的一个深夜。我和朋友约在一起喝咖啡，因多日未见，我们越聊越欢，不知不觉竟至凌晨。出得门来，天上星星稀落，风裹着寒冷，不由分说扑过来。街上的店铺都关门了，也少有车辆经过，我们紧了紧身上的衣，笑道，真是傻了，坐到这么晚呵。这个时候，一心盼望的，是赶紧到家，钻进热腾腾的被窝里去。

朋友的电瓶车却爆胎了。我们守着那个不争气的家伙，毫无办法。后来，我让朋友原地不动，我去找人帮忙。我走了两条街道，想找到一家修车铺，都没找到。正在六神无主之际，一晚归的踏三轮车的经过，以为揽到生意了，停下来，热情地问我，要去哪里？我送你。我摇摇头，说，我们的电瓶车坏了，走不了了，我正在找补胎的呢。

三轮车夫一听，乐了，说，这有什么的，你打电话找蒋大啊，他会帮你补好的。随即，他报了个号码给我。那号码，他记得倍儿熟。想来是经常联络的。

闲聊得知，不单单他知道蒋大，小城每个踏三轮车的，跑出租车的，都知道。蒋大也没有固定的修车铺子，他白天一般把修理摊子摆在一家报亭旁边，晚上会移到一些交通要道的边上去。不管什么时候，只要拨打他的电话，他马上就飞奔而到。凌晨三四点，曾有人的车在高速出口那儿坏掉了，打了个电话给他，他二话不说，穿上衣带上工具就跑。

我抱着试试看的心态，拨打了蒋大的电话。电话只响了一下，就接通了。那头是浑厚苍劲的声音，是车子坏掉了吧？他笑问一句。是司空见惯的样子。紧接着来一句，告诉我，什么地点，我马上就到。

他果真很快就到了，一件沾满油污的工作服，套在身上，头上戴一顶同样沾满油污的帽子。我和朋友很是过意不去，不住地打招呼，蒋师傅，不好意思，这么晚吵醒你了。

他好笑地看一眼我们，说，这有什么，我就是做的这个生意，没人打我电话，才真叫着急呢。他随即又打一声哈哈，说，我当然不希望你们车子坏掉，有时坏掉也没办法的是不？得修理的是不？我手机一天24小时都开着，能打我手机的，肯定都是着急的，不能耽搁。

说话间，他已把轮胎卸下来，找到漏气的地方。原来，是一枚铁钉扎在里面，整个轮胎已被搅烂了，不能用了。蒋大拨了一个电话，冲那边说，小子，你送一个电瓶车轮胎到向阳桥这边来。他随即报出轮胎尺寸。

我们问他，是你儿子？

蒋大说，不，我儿子在外读大学呢。这是我徒弟。

在修车这行里，蒋大干了近三十年了，教出不少的徒弟来。全城修车的人，他都熟，只要他一个电话，所需修车的东西，都有人给送来。

啊，蒋师傅你这也是桃李满城了，我们笑。

哈哈，他也笑。十几分钟后，一年轻人送来轮胎，朋友的车，很快修好。我们问他，多少钱？想着，这样寒冷的深夜，怎么着也得多收点。他却让朋友先把车开了试试，等确信没有问题了，这才说，轮胎我就按市场价走吧，78块，工钱你们给个10块钱好了。

我们有些意外，给了100块，让他不要找零了。他却认真找了零。

以后车子坏了，随时可以打我电话找我，谢谢啦。他跟我们挥挥手，瘦小的身影，很快没进夜色里。

感激一杯温开水

这是朋友讲的故事。

十来年前,他还在深圳打工,整天帮人家掏下水道,走哪儿,身上都一股下水道的异味,很让人侧目。所以,他一般不到热闹中去。那个城市的繁华和优雅是那个城市的,装不进他兜里一点点,他住工棚,倚墙角吃冷馒头。

一日,天下雨,是深秋的雨。虽说是在深圳,那雨,也带了寒意。他当时已掏好一家酒楼的下水道,雨大,回不了,就倚在酒楼的檐下躲雨,一边掏了怀里的冷馒头吃。

冷。他抱臂,转过脸,隔了酒楼玻璃的窗,望里面蒸腾的热气和温暖。一些人悠闲地在吃饭,他想,若是有一杯热热的茶喝,多好。呵呵。他在心里面笑着对自己摇头,怎么可以那样奢望呢?他看天,只等雨歇,好回他的工棚去。

这时,酒楼的门忽然开了,一位服务员径直走到他跟前,彬彬有礼地对他说:"先生,您请进。"他愣住了,结巴着说:"我,我,不是来吃饭的,我,只是躲会儿雨。"服务员微笑,说:"进来吧,外面雨大。"朋友拒绝不了那样的微笑,鬼使神差地跟进去了。进去时,他暗地里想,想宰我?没门!我除了身上的破衣裳,什么也没有的。

他被引到一张椅子上坐定,脑子还没来得及想什么呢,另一个服务员就端来一杯温开水。"先生,请喝水。"同样的彬彬有礼。朋友不知道她们葫芦里卖的什么药,想,既来之,则安之。遂毫不客气地端起茶杯,把一杯水喝得干干净净,且把怀里的另一个冷馒头掏出来吃了。服务员又帮他续上温开水,他则接着喝,喝得身上暖暖的,额上渗了细密的汗,舒坦极了。

　　后来,雨停了,他以为那些服务员会来收钱的,但是没有。他坐等一会儿,还是没有一个人来问他。刚才喊他进来的服务员正站在大门口送客,他忍不住走过去问:"白开水不收钱吗?"服务员微笑:"先生,我们这儿的白开水是免费的。"

　　那一杯白开水的温暖从此烙在了朋友的记忆里,每每谈到深圳人,朋友的眼里都会升起一片感激的雾来。

　　朋友后来从深圳回来发展,也开一家酒楼。他定下一条规矩:凡是雨天在他檐前躲雨的人,都要请到店里来坐,并且要给人家倒上一杯温开水。

　　他酒楼的名声因此而打响,那是朋友没想到的。许多人提到他时都会说:"那个老板好啊,下雨天,不管大人小孩,不管城里人乡下人,在他屋前躲雨,他都会请到屋里坐的,并且提供免费的茶水。"

　　仅仅一杯温开水,就温暖了一个人的一生,甚至产生连锁反应。世界的美好,因此而摇曳在一杯温开水之中。

第五辑

一窗清响

芭蕉分绿与窗纱。一窗清响,日子静好。

一窗清响

闲时，读杨万里的诗，读到一句"芭蕉分绿与窗纱"，我很是喜欢。季节是初夏吧，小门小户的人家，不金碧，不辉煌，可是院子里，却栽种着数棵绿芭蕉。是男主人栽的，还是女主人栽的？无论是他们中的哪一个，都定有颗爱植物的心。凡尘俗世，因拥有这样的心而美好。

芭蕉一年一年长高，"扶疏似树"，"高舒垂荫"，一到夏天，碧绿蓊郁得尤甚。那些绿，垂挂到什么地方去了？人还没留意呢，它们倒静悄悄地，爬上了窗纱。窗里的人呢，那被芭蕉映得绿莹莹的人呢？午后，他们是在梦里小睡，还是在围桌话家常？一窗清响，日子静好。

我在如此走神的当儿，眼光又不由分说地落到楼后人家的窗上。我的书房，正对着这户人家。我在书房里看书或写字，一抬头，就能瞥见他们家的窗。天蓝色的窗帘，半拉半开。窗口有时会搁一盆绿，是茑萝，或是吊兰。有时会搁一盆花，是杜鹃，或是海棠。青青绿绿，红红白白。大捧的阳光，在窗户上面肆意攀爬。

我熟悉这家人，男人，女人，还有一个小女儿。前几年，男人闹过离婚，外头有了人。离婚闹了好长一段时间，男人日日不归，连小女儿也不肯要了。那段日子，他们家的窗帘，总是拉得紧紧的，窗台上，荒凉寂寞。有时，黑漆漆的夜里，我听到窗帘后传出嘤嘤哭泣声，那是女人隐忍的哭。在静夜里，格外分明，听得人心酸。后来，男人出车祸，死里逃生，为他揪心落泪的，是女人，不是情人。守在他床边的，也是女人，不是情人。男人身体康复后，再没提过离婚。

早起时，我去屋后跑步，遇到男人。一夜的风吹，金针似的杉树叶，铺了一地。男人拿着扫帚在清扫，看到我，他抬头笑一笑，点点头，算作招呼。一边冲屋内叫："凤玲，快去看看锅上的汤熬好了没有，别把水熬干了！"屋内迅捷传出女人的应答："知道了知道了。"声音是清脆的，欢快的。让人想象着，她走路的姿势，一定如一只羚羊一样敏捷和快乐。我打心眼里替女人高兴，风雨过后是彩虹，她等来她的彩虹了。

我外出几天，回来，习惯性地抬头望他们家的窗，突然发现那个窗口，新添了两样东西，一只风铃，和一盆葱。风铃是悬挂在窗户上的。冬日的暖阳，打在风铃银色的贝壳上，熠熠发光，仿若珠宝。风吹，银色的贝壳晃晃悠悠，不时发出丁丁当当的脆响。

葱呢？真绿！我想起"绿油油"这个词。也只有这个词能配它，那些绿，是恨不得一滴一滴淌下来的。它们是冬天里的春天。长葱的盆，却是只豁了口的破瓷盆。用旧了罢？女人舍不得扔，在里面栽了葱，旧瓷盆焕发出另一种光彩，素朴而雅致，让人觉得，它天生就是配葱的。

我们的人生，未尝不是如此，少有绝对完美的，它可能就是一只豁了口的瓷盆，望得见岁月的憔悴与伤口。然而，又有什么关系呢？只要你心怀希望，一盆的葱绿，很快会让它重新变得生机起来蓬勃起来。

风景这边独好

有一段日子,我在外租房住。我租住的小区,是个老小区,二十世纪八十年代初建成的,楼高不过三层,我租住在三层。

我最喜欢待的地方,是房间的后窗口。那个窗口,正对着楼后的一排杉树,杉树长得比楼房高。夏天捧着一捧一捧的绿,柔嫩的,水汪汪的。秋天一身艳装,上面青也有,黄也有,红也有,褐色也有,总之,可以用斑斓来说它了。鸟多。花喜鹊、白头翁、野鹦鹉、画眉、小麻雀……它们都爱到杉树上聚会,亲亲热热地啾啾,叽叽,彼此一点也不生分,把一方空气搅动得生机蓬勃。鸟比我们人类心胸广阔,鸟极少设防。

杉树的枝干上,有丝瓜的藤蔓顺势而上。夏秋的天,丝瓜把花朵簪在半空中。一朵一朵的小黄花,在清风里,笑微微的。对着它们看久了,我也忍不住想笑。

杉树的后面,又一排人家。翠绿掩映着,旧的房,古朴优雅。那些人家,天晴的时候,喜欢捧了花被子出来晒。大朵大朵的阳光,开在花被子上,让人无端地生出许多感动来。阳光真是慷慨,它善待每一个生命,公平,无有遗漏。想我们人类若都能拥有这样一颗阳光的心,这世上该少去多少寒冷、阴霾和伤害。

下楼去。楼后就是一条小径,东西走向。小径两旁,有少许空地,那上面从来不会寂寞。一些住户，在里面长葱长蒜长青椒长番茄长小青菜。因空地有限，每样植物，也只能种上一两棵，根本不够吃。种的人不介意，本来长这些就不是为吃，而是为看的。每每路过，看到植物们绿是绿、红是红的，养眼哪！人生图的就是个乐趣。

花是少不了的。一串红和凤仙花、胭脂花为最多。这些花不用打理，自会去占领天下。它们见缝插针地长，毫无章法地长，把花开得东一朵西一朵的，倒有种肆意的美。路过的人，有的会停下来看一看，有的不会。花无所谓的，它们忙着呢，忙着扎根土地，忙着与清风嬉戏，忙着与蝴蝶蜜蜂打招呼，忙着开它们的花。花从不管闲事，花只管它们自己的事。

最赞的是那丛扁豆。当初，是谁丢下的一粒种子呢？它从一棵小芽芽开始，抽丝剥茧般地，一日一日葳蕤。在你根本还没留意的时候，它早已顺着树枝和电线，在小径的上空，搭出一条绿的走廊，上面缀满紫色的小花。某天，你从那里过，你抬头，看到头顶上方，密密的绿叶间，蜗居着一朵一朵小花，着粉紫的衫，洁净的小脸蛋，透着光亮。它们齐齐冲着你笑，笑得那么婉约，那么清丽，你有被珍视的感觉。你除了觉得幸福，说不出别的。

我的朋友到过我租住的小区。她把小区逛了一遍，再一遍，很失望地对我说，你这里没什么可看的啊，房子也旧，那些树和花，也没什么奇特的，别的地方也有。

我莞尔。她哪里知道，在我的眼里，从来没有寻常。所有的相遇，都是隆重的。所有的景致，都是唯一的——风景这边独好。

我们曾拥有怎样的幸福

瘫痪在床两年多的朋友，突然能扶墙站立了。巨大的幸福，如潮水一般淹没了她，她激动得热泪双流，对人不厌其烦地述说她的幸福，你看，你看，我都能站了！

曾经，她不是个容易有幸福感的人。在城里打拼十五六年，没日没夜地连轴转，只为要积攒更多的钱，买更大的房。每做一桩事，她都力求完美，弄得自己疲惫不堪。也曾先后谈过几个男朋友，但最后都不了了之。她有句口头禅，要做就要做最好的，绝不将就。

一场意外车祸，让她死里逃生。她瘫痪了，回到乡下老家。在那个竹篱笆圈成的小院子里，她整天对着的是院子里的一棵歪枣树。那棵树，曾陪伴了她一整个童年。那些秋天，枣树上都如期挂一树青红的枣子，她天天吊在树上吃，吃得嘴里心里都是甜。日子虽贫瘠，却有着满满的幸福和期盼。

她沉浸在她的童年里，真想走回去拥抱一下那些贫瘠却幸福的日子。她羡慕院门前走过的狗，那么悠闲自得。她羡慕天空中飞过的鸟，那么自由自在。在她，眼前这寻常的行走，寻常的飞翔，都是千金难买的幸福。

朋友的经历，让我想到一个故事。故事说的是一个年轻人，他本来拥有一个漂亮的妻子，和一个可爱的儿子，还有一份不错的工作。但是，他却闷闷不乐，惆怅满怀。因为，与周围的同龄人比起来，他觉得自己混得很不好，他没有住进别墅里，没有开上豪车，银行里也没有大笔大笔的存款。

焦虑不已的年轻人，去拜见佛祖。他问佛祖，我要怎么做才能获得快乐？佛祖说，去吧，你明天再来。年轻人回到家，眼前出现的一切，让他如坠深渊——可爱的儿子生了病；妻子被车撞成植物人；他还莫名其妙被公司裁了员。

年轻人好不容易挨到天明，他跑去见佛祖，不过一夜之间，他竟愁白了头。佛祖问他，年轻人，怎么才能使你获得快乐？年轻人答，我只要我的儿子能健健康康，我的妻子能恢复意识，我能找到糊口的事做，就是大幸福了啊。佛祖说，去吧年轻人，你的幸福一直在等你。

年轻人回到家，他看到他的妻子，牵着儿子的手，正笑吟吟地站在家门口，像往常每一个寻常的日子一样，迎接他回家。一切都没变，却又与以往不同了，因为，他看到了幸福的模样，听到了幸福在欢唱。年轻人走上前去，紧紧拥抱了妻子和儿子，喜极而泣。他恍然大悟，原来，他苦苦寻觅的快乐与幸福，一直就在身边啊。

只有等失去，我们才知道，在那些貌似平淡的一个又一个的日子里，我们曾拥有怎样的幸福。能跑能跳，是幸福；能吃能睡，是幸福；抬头看见天空，低头见到花朵是幸福；有人可惦念，被人惦念着，是幸福；家人平安，岁月无恙，那是天大的造化与幸福。

要相爱，请在当下

多年前，我在我的一个高中女同学的毕业纪念册上，一笔一画写下这样的临别赠言：但愿人长久，千里勿相忘。想那时，七月当头，教室窗外，紫桐花落过，巴掌大的叶，布满树梢，阔而肥。阳光从树叶间，漏下点点滴滴，在教室的窗台上，晃晃悠悠。离别在即，青嫩的心里，定有离愁激荡，于是眼眸对着眼眸，认认真真地相约着，不相忘，不相忘。

多年后，她念初中的小女儿，成了我的热心读者。一天，那小姑娘偶翻她妈妈的毕业纪念册，看到我的名字和我手书的赠言，惊喜之下，发信息给我：梅子阿姨，你还记得有个叫倪素萍的人吗？

谁？这是我的第一反应。小姑娘随后发来我的临别赠言：但愿人长久，千里勿相忘。我极其陌生地看着，脑子里千遍过万遍筛，昔日的树影花影，全叠在一起，哪里分得清哪张脸与哪张脸？甚至，连姓名也难回忆起了——当初的信誓旦旦，原是不算数的。

同样的年华，有过喜欢的男孩子，许诺过将来。将来，等我们大学毕业了，等我们工作了，一定要一起去海南看海。那时，有流行歌这样唱道，请到天涯海角来，这里四季花常开。我们一边哼唱着，一边向往着。彼时的心里，最大的甜蜜与幸福，莫过于海边相守。

后来，我们真的毕业了，我们真的工作了，誓言却被丢进风里面。

起初还偶尔想上一想，再然后，生活的千锤百炼，早把当初的誓言，锤打成另一副模样了。偶一次，我翻到当年的日记本，上面白纸黑字写着呢，刻骨铭心还在，却像看别人的故事了。笑一笑，轻轻合上，依然塞到抽屉的一角去，让它积尘。那个男孩子的面容，我早已记不起了。

想来，在青春的岁月里，我们曾许下过太多承诺，任它们星星一般的，在青春的天幕上跳跃，闪亮。一腔的热情，只管如花一样，拼命盛放。以为山高着，水长着，地老天荒，我们，永远是不变的那一个。哪里知道，花有期，人会老。

也曾心心念念着要去一些地方：平遥，西藏，青海，新疆……每一处，都镶着金光。家里那人答应我，等将来，等我们赚了足够多的钱，我们就背起背包出发，一个月跑一个地方。以前我会为这样的承诺兴奋不已，现在，我不了。人生充满太多的不定数，那个遥远的将来，我能等到吗？退一步吧，纵使我等到了，只怕到那时，老胳膊老腿的，我也早已爬不动山，涉不了河了。

可爱的闺蜜在云南。秋日的一个午后，她路过一家慢递吧，古朴的墙，古朴的门楣，古朴的桌椅，一下子吸引了她。她趴在雕着花的藤桌上，提笔给我写了一封信，边写边乐。投递日期：十五年后。我好奇地问，你在上面写了些什么呢？她神秘地一笑，说，到时你就知道了。

天，我得等十五年！十五年？多长啊。花开，花谢，一季，又一季。到那时，于沁凉的秋风里，突然收到一封来自十五年前的信，我不知道，我该用什么心态去承受。欢喜抑或是有的，只是，更多的感觉，应该像做梦。过去再多再好的岁月，也与我无关了。

是的，要相爱，请在当下。当下，你看得见我，我看得见你，你的好，我全部知道。并且，我会沐浴着它的恩泽，愉快地度过这眼下时光。

鲜花无罪

我有一小友,女,漂亮。小友有一追求者,追求小友快半年了,小友一直不冷不热着。某天,追求者突然捧一束鲜花至。花显然经过精心挑选,朵朵娇艳。小友看到花,突然变了脸色,抢过花来,扔进一边的垃圾桶去,生硬地送上一句,谁让你送花的?

一盆冰水泼将下来。众目睽睽下,只见追求者的脸色,先是红了,后转白——煞白。他怨恨地看小友一眼,转身走了。再没见过他来。小友却不曾为她的行为有一点点内疚,满不在乎地说,管他呢,我又不爱。

我很替那些鲜花委屈。鲜花何罪?它们一朵一朵,开得多好,却莫名其妙地葬身垃圾桶。若是我,我定会收下它,说声谢谢。大不了照单付账。我会找了好的瓶子装它们,让它们开尽美丽,吐尽芬芳。纵使不爱,也不用恶脸相向,留条后路好相逢。惜花是善良,惜人是美德。

也是巧了,翻阅最新社会新闻,看到一起因鲜花引发的事件,让人感慨。

与鲜花关联着的,是两个人,男孩,女孩。男孩来自偏僻山区,在某家公司,讨得一做保卫的差事。女孩是那家公司的员工,长相甜美。女孩日日从大门口过,久了,男孩喜欢上女孩。找了机会搭话,一来二去的,也成熟人。男孩有时买点小礼物,吃的,玩的,送给女孩,女孩笑

纳。男孩私下欢喜，以为女孩也是喜欢他的。

千方百计地，男孩探得女孩的生日。为她的生日，他节衣缩食了好些日子。那天终于来到了，男孩很激动，男孩提早就在花店预购了红玫瑰。是歌里唱的，九百九十九朵。男孩一人捧不过来，另请了几个朋友帮忙，成一支鲜花小分队，开往女孩的宿舍。惹得路上行人频频望。男孩一直笑着，他想象着，女孩若见了，何等的意外和开心。

结果，却事与愿违。一屋子的人，正在闹，喝着啤酒吃着蛋糕唱着歌，都是女孩请来的朋友。女孩开门，看到男孩的鲜花小分队，先是惊讶，后是恼羞成怒。她未等男孩把花摆好，就连拽带踩，别人拉都拉不下来。瞬间，花瓣纷飞，零落如雨——女孩压根儿就没喜欢过男孩。

男孩愣怔在现场，紧抿着嘴唇，什么话也没说。第二天，男孩辞去了工作。后来的后来，有一天，女孩在下班途中，突然遭到男孩袭击，一瓶硫酸泼下来，女孩如花似玉的脸，顿时扭曲成一团。

女孩美好的人生，从此不再。审讯室里，男孩一直喃喃着一句话，她毁了我的花，她毁了我的花。

其实，她毁的哪里是花，而是他的自尊，和他爱着的一颗心。

是的，这个男孩很残忍，他像打碎一件精美的瓷器样的，打碎了女孩的一生。但设若，女孩当初懂得尊重，温婉相待，何至于此？我们可以选择不爱，但我们没有权利以不爱的名义，践踏他人的自尊。爱没有错，鲜花无罪。

岁月这个神偷

在商场看中一款牛仔裙,水洗蓝的,裙摆如蓝色的波浪荡开,上面镶了可爱的蕾丝。我看一遍,再看一遍,心中念念着,想买来穿。但到底放弃了,我已不再是穿牛仔裙的年纪。

亦很少再穿高跟鞋了。每次买鞋,都不假思索地,挑平底的买。曾经却不是这样的,曾经的我,高跟鞋一双比一双高,在人跟前亭亭。那时候,青春飞扬,意气风发,喜热闹,爱出风头。去观看学校文艺演出,台上的人在唱,收获掌声无数,我恨不得替了那人。有人怂恿,你也去呀。我真的立起身,高跟鞋一路笃笃笃地,跑上台去。现在,我退守到热闹的背后,喜欢上平底鞋的稳妥与内敛,走到哪里,它都是安静的。锋芒收起来,浮躁收起来,只与大地亲。

小时,邻家有女孩兰,和我年纪相仿,常和我结伴着玩。她的家境比我的好很多,她的父亲是老师,家里有白米面吃,而我的父亲是老实巴交的农民,顿顿吃煮红薯和黑乎乎的荞麦粥。她还有个伯伯在上海,每年回来,都给她家带很多城里的东西,水果糕点是不用说的,还带一些色彩炫目的衣裳。有一次,带给兰的,竟是一双红皮鞋。艳艳的红,像两朵大丽花。乡下孩子哪见过这个?那双红皮鞋,在我眼里,简直就是小仙女脚上穿的啊。

兰踩着红皮鞋跳绳。兰踩着红皮鞋拍皮球。兰踩着红皮鞋走过我家门前的土路。我每望见一次，心就受伤一回。我问父母讨要，父母随口答应，等你把圈里的猪养大了，就给你买。我信以为真，每日里勤快地去割猪草，割了整整一个夏天，再加一个秋天。好不容易等到猪长壮了，可以卖了，父母却全然忘了对我的承诺。我再提要买红皮鞋，像兰脚上一样的。母亲诧异道，你这孩子，怎么这么不懂事？要什么红皮鞋，这乡下到处都是泥地的，咋走路？

失望的心，空落落坠下来。对父母的埋怨，是真真切切的。那时，我以为会埋怨他们一辈子的。他们贫穷，他们平庸，他们粗陋，这都是让我自卑的理由。经年之后，我却明明白白知道我爱，我爱他们，即使他们也还平庸着与粗陋着。我陪他们一起闲坐，很有耐心地听他们唠叨。他们老了，依恋我，像小时我依恋他们一样。我忍不住要感激，感激上苍，让我的父母健在着。父母在，故土便在，我的根便在。我哪里还会去埋怨一双当年的红皮鞋？偶尔提起，也多半微笑着。岁月，早已抚平了我当年的稚嫩。生命中最重要的，原不是锦衣美鞋，而是我们在一起。我们还能够在一起，这就很好了。

也曾认真地恨过一个人。年轻的心，被伤起来似乎太过容易，一句话，一个眼神，一个不经意的动作，便能把心伤得千疮百孔。是下课时光，一帮同学围坐在一起说笑，有同学不知怎么就打趣起我来了，用的是轻视的语气。大家便一齐看着我哄笑，我瞥见他也在其中笑，笑得毫无遮挡。心里立即怨怨的，怎么可以呢？全世界的人都可以笑我，唯独他不可以。因为，我是喜欢他的，他亦是喜欢我的。自此之后，我不再跟他讲一句话，把之前日记本上写有的他的名字，用红笔重重划去。力透纸背的，都是恨。

那个时候，也以为是要恨上一辈子的。一些年后，忆起往事，我竟连那个男孩的样子也记不起了。曾经恨不得拿命去拼的事儿，现在想来，却不过是衣襟上落下的尘，轻轻掸掸，也就掉了。岁月这个神偷，早已在不知不觉中，偷走了我的青嫩和张扬，留下的，是从容，是淡定，是风轻云淡。

正月半，炸麻团

小时的元宵节，我是注定要惆怅要难过的。

不单我惆怅难过，我姐姐也惆怅难过。我弟弟也惆怅难过。所有的小孩都惆怅难过。

我们知道，这一天过去，年就走了，我们那无法无天的快乐，也就走了。

这一天，也就成了我们分分秒秒都不肯放弃的一天，我们想尽办法玩。

有什么可玩的呢？老风俗里，这一天，是要在每块地里，插上类似芦柴的一种植物。方言里叫它苦裹。不知道那是什么意思。有一回我问我爸，他也不知道是什么意思，他说，这是老风俗啊。好吧，老风俗，我们很乐意有这样的老风俗，取了砍刀，砍上一捆来，奔跑着，在每块麦田里都插上。

最热闹最壮观的，是"炸麻团"。其实也就是烧野火。也不知从哪朝哪代，流传下来的风俗，元宵节这天，是要烧烧野火的。说是虫卵都寄生在一些荒草中，烧烧野火，就可以烧死那些虫卵，以保庄稼丰收。

没有孩子不喜欢玩火。平时被大人禁令着，不许玩火，不许玩火。这一天，可彻底放开了，从午后开始，凡是沟边河畔，只要有杂草的地方，均可去放上一把火。一边放，还一边拍手唱歌谣："正月半，炸麻团，爹爹炸了奶奶看。"一个村庄，都回荡着这样的歌声。

那时对歌谣里的"炸麻团"，深信不疑。猜着，那一定是真麻团。像老街上卖的，糯米面上，滚着炸得喷香的金色的芝麻，馅是黑芝麻的，一咬一口甜。挺期盼着，什么时候我们真的能炸一回麻团呢？这样的期盼，一次也没有实现过。

"炸麻团"的最高潮，是在晚饭后。家家户户都扎了"麻团把子"，说白了，就是稻草扎的火把。这扎麻团把子，水平是有高低之分的。不会扎的人，胡乱扎一气，扎得很松。点上火，"嘭"一下燃起来，不禁烧，还容易烧散了，烫到举着它的孩子。我爷爷的手艺，是很令我们骄傲的，他扎的麻团把子，结实，耐烧，我们举着它，围着门口的麦田，能跑上几十个来回，那麻团把子，还燃得好好的。

每家的小孩，都人手一个麻团把子，举着，挥着，田埂边便游着一条条火龙，东边呼，西边应。城里的花市，虽有火树银花，但绝对没有那份真趣的。

只是那样的快乐，何其短暂。手里的火把，也终于熄了。好些年了，这熄了的火把，没有再被点燃过。现在乡下的孩子，也不这么玩了。元宵节的时候，花灯很畅销，乡下孩子，也都能买上一盏了。只是他们玩了一会儿，就把它丢弃到一边，嚷道，真不好玩。

我很同情他们，他们到哪里去找真趣呢！

种　爱

认识陈家老四，缘于我婆婆。

婆婆来我家小住，不过才两天，她就跟小区的人混熟了。我下班回家，陈家老四正站在我家院门口，跟婆婆热络地说着话。看到我，他腼腆地笑笑："下班啦？"我礼貌地点点头："是啊。"他看上去，年龄不比我小。

他走后，我问婆婆："这谁啊？"婆婆说："陈家老四啊。"

陈家老四是家里最小的孩子，父亲过世早，上有两个哥哥，一个姐姐，都已另立门户。他们与他感情一般，与母亲感情也一般，平常不怎么往来。只他和寡母，守着祖上传下的三间平房度日。

也没正式工作，蹬着辆破三轮，上街帮人拉货。婆婆怕跑菜市场，有时会托他带一点蔬菜回。他每次都会准时送过来，看得出，那些蔬菜，已被他重新打理过，整整齐齐干干净净的。婆婆削个水果给他吃，他推托一会儿，接下水果，憨憨地笑。路上再遇到我，他没头没脑说一句："你婆婆是个好人。"

却得了绝症，肝癌。穷，医院是去不得的，只在家里吃点药，等死。精神气儿好的时候，他会撑着出来走走，身旁跟着他的白发老母亲。小区的人，远远望见他，都避开走，生怕他传染了什么。他坐在我家的小院子里，苦笑着说："我这病，不传染的。"我们点头说："是的，不传染的。"他得到安慰似的，长舒一口气，眼睛里，蒙上一层水雾，感激地冲我们笑。

一天，他跑来跟我婆婆说："阿姨，我怕是快死了，我的肝上，积了很多水。"

我婆婆说："别瞎说，你还小呢，有得活呢。"

他苦笑笑，说："阿姨，你别骗我，我知道我活不长的。只是扔下我妈一个人，不知她以后怎么过。"

我们都有些黯然。春天的气息，正在蓬勃。空气中，满布着新生命的奶香，叶在长，花在开。而他，却像秋天树上挂着的一枚叶，一阵风来，眼看着它就要坠下来，坠下来。

我去上班，他在半路上拦下我。那个时候，他已瘦得不成样了，脸色蜡黄蜡黄的。他腼腆地冲我笑："老师，你可以帮我一个忙么？"我说："当然可以。"他听了很高兴，说他想在小院子里种些花。"你能帮我找些花的种子么？"他用期盼的眼神看着我。见我狐疑地盯着他，他补充道："在家闲着也无聊，想找点事做。"

我跑了一些花店，找到许多花的种子带回来，太阳花、凤仙花、虞美人、喇叭花、一串红……他小心地伸手托着，像对待小小的婴儿，眼睛里，有欢喜的波在荡。

这以后，难得见到他。婆婆说："陈家老四中了邪了，筷子都拿不动的人，却偏要在院子里种花，天天在院子里折腾，哪个劝了也不听。"

我笑笑，我的眼前，浮现出他捧着花种子的样子。真希望他能像那些花儿一样，生命有个重新开始的机会。

一晃，春天要过去了。一天，大清早的，买菜回来的婆婆，惊乍乍地说："陈家老四死了。"

像空谷里一声绝响，让人怅怅的。我买了花圈送去，第一次踏进他家小院，以为定是灰暗与冷清的，却不，一院子的姹紫嫣红迎接了我。那些花，开得热烈奔放，像飞来一院子的小粉蝶。他白发的老母亲站在花旁，拉着我的手，含泪带笑地说："这些，都是我家老四种的。"

  我一时感动无言，不觉悲哀，只觉美好。原来，生命完全可以以另一种方式，重新存活的，就像他种的一院子的花。而他白发的老母亲，有了花的陪伴，日子亦不会太凄凉。

这世上，有我享不尽的良辰美景

与几个朋友小坐，闲聊幸福的话题。窗外的春，已走到深深处，树上的叶，早已由嫩绿换成青绿。满世界的花朵儿，噼里啪啦开得欢。是蔷薇。是海棠。是月季。是虞美人。我的眼睛一直没舍得离开窗外，我说此刻，就在花开叶绿的此刻，我又觉得幸福了。

朋友们听了，一齐笑起来，问我，你就真的从来没有过烦恼吗？

我想了想，老老实实答，有，但我来不及抱怨。

是的，我来不及。每天，我要去问候我的那些植物，那是家里阳台上的玫瑰和海棠，绣球花和茑萝。它们每天开几朵花，抽几片叶，我都知道。尤其那盆绣球花，冬天的时候，它的叶掉得光光的，瘦瘦的枝上，呈现萧索的模样。家里人都误以为它死了，把它弃于一旁。某一天，它的根部，却意外地冒出几粒褐色的小苞苞，如婴儿新长出的牙齿。小苞苞慢慢绽开，从里面抽出绿绿的茎和叶来，茎长啊长，叶长啊长，很快，又是一盆生机活泼。

上班的路上，植物多。我路过，总要跟它们打打招呼。那是栾树。那是泡桐。那是槐树。那是紫薇。那是玉兰。它们抽枝，长叶，开花，结果，一年到头，如人一样的，忙忙碌碌，不虚度每一天。低下头来，路边的泥土里，也总有惊喜在等着我，蒲公英，婆婆纳，狗尾草，一长一大丛。它们勾起我许多回忆，关于故乡的，关于童年的。它们让我望见我来时的路，无论走多远，走多久，也不会迷失。

我也惦念邻居家屋顶上的一棵草。没事的时候，我爱站到窗口去看看，像惦念一个人。那是鸟儿衔来的种子，还是风吹来的呢？不知。草不管，草接受了这样的命运，在屋顶上的瓦楞间安了家。远远看去，它像一只展翅的绿色大鸟，我总疑心它就要飞了。

邻居家有平房两间，夫妇俩带着一个读小学的小男孩，和一只黄白相间的小狗。夫妇俩都是外地人，说着一口外地方言。异乡的天空下，他们筑起了属于自己的小窝，开始了他们的烟火人生。他们有时会一起去接小男孩放学，我看到他们一家三口回来，身后跟着只摇头晃脑的小狗，就莫名地感动。在他们身上，我看到草一样的精神。

鸟的叫声传过来，这边，那边。它们在绿树上。在花草间。在我的屋顶上。我微笑地倾听，想听听鸟儿在唱什么。仄仄平平，平平仄仄，鸟儿最讲音律了。我日日享受这样的天籁之音，人也变得洁净起来。也有小鸟跑来我书房的窗台上，是些小麻雀。北方人叫它家雀，有宠溺的意思在里面。它们在我的窗台上蹦蹦跳跳。窗台上有什么呢？除了风吹来的草屑，别无他物。但鸟儿就是快乐——快乐，是不需要理由的。

月亮升起来了，清清亮亮。这个时候，我总不愿错过，会去月下散一会儿步。路边的树，都变得端庄起来娴淑起来，大家闺秀般的。月光筛下树的影子，投射到旁边一面粉墙上。在粉墙上，泼墨出一幅一幅的"水墨画"。树，房屋，人，在画里面生动。我一幅一幅看过去，为之倾倒。月亮是会作画的。这个发现，让我欢喜了好些日子。

无门慧开禅师的一首禅诗真是写得好：春有百花秋有月，夏有凉风冬有雪。若无闲事挂心头，便是人间好时节。这世上，有我看不尽的红花绿草，有我听不够的婉转悠扬，有我爱不完的人和事，点点滴滴，都是凡尘欢喜，我爱都爱不过来了，哪里还有时间抱怨？

每一颗种子，都曾有花开的繁华

1. 爱一个人，不单要爱这个人本身，连同他的父母也要一并爱的。没有他们，哪里来的他？哪里有烟花三月，人生正当年？别嫌弃他们的苍老，或是贫穷，他们用他们的爱，抚养大了他，这才有你们的相遇。在爱面前，没有一个父母不是富翁。

2. 多跟孩子交往。不妨跟他们做做游戏，陪他们讲讲故事。或者，什么也不做，只微笑地坐一边，看着他们玩耍。在他们眼里，你真的能看到天使，他们是这个世上，活着的童话。

3. 当你是一只橘子时，不要幻想成为苹果。别人的经验未必适合你，你是你，你有你的方向要走。人生的目标切合实际，叫理想。反之，则叫幻想。幻想的事，都是不着边儿的，即使你再努力，你也注定不会成功。那么，还是安心地做一只橘子吧。

4. 给自己一个放松的理由，多去室外走走，特别是在夜晚。白天的喧嚣，遁于无形。植物浓密的香气，会淹没了你。看天，天是你的。看地，地也是你的。四野寂静。你会突然生出热爱的心，活着，原是这么的富足。

5. 如果看中了什么，就买下吧，当作礼物送给自己，只要不让你倾家荡产。钱用去了可以再赚，那一颗喜欢的心没了也就没了。爱生活的前提是，要爱自己。

6. 多养几盆植物吧。在累了烦了的时候，不妨与一盆花相对。花不急，在什么季节里抽枝长叶，在什么季节里打苞开花，它一步一个脚印，有条不紊着。你看见也好，没看见亦罢，它就在那里，默默生长，寂然欢喜。当你拥有了一颗植物的心，你的人生，会变得从容许多。

7. 尽孝道要趁早。有些爱，是等不得的。在你能说出爱的时候，一定要说出来。在你能送出爱的时候，一定要送出去。千万别说，等等，再等等。也许，那一等，就成终身遗憾。

8. 一个亿万富翁感叹，我好穷。因为，他要买超级豪华游艇，他要买连体别墅，他要买一座山庄，亿万元实在算不得什么。而穷人，意外地获得十块钱，他也会欣喜若狂，觉得富有。因为十块钱可以买好几斤大米，可以买好几块面包。这世界，绝对公平，有人拥有财富，却没有快乐的心。有人缺失财富，却能做到安于乐命。

9. 幸福到底是什么？说到底，就是当下的拥有啊。睁开眼睛，能看，是幸福。张开嘴巴，能吃，是幸福。迈开步子，能走，是幸福。竖起耳朵，能听，是幸福。如果你全部拥有了，实在是天大的造化啊！所以，少抱怨，多感激吧。

10. 不要哀叹韶华已逝，不要羡慕青衫年少。那一些，你也曾经历过。也曾在漆黑的大街上，放开嗓子吼唱。也曾为爱情的降临，耳热心跳。也曾朝气蓬勃，眼睛灼灼，仿佛里面有一万颗星星在闪烁。人生都是一段一段的。每一颗种子，都曾有花开的繁华。

让每个日子都看见欢喜

一个从小在都市长大的女孩，受过良好教育，通音律，会钢琴，还出国留过学。回国后，她在城里拥有一份让人称羡的工作。

一次偶然机会，她去大山里游玩，被大山深深吸引住了，从此魂牵梦萦。后来，女孩毅然决然放弃城里的热闹与繁华，跑到大山里，承包了一片山种梨树。从没握过农具的手，在挖下第一个土坑时，就起了血泡。前来看她的母亲，抱住她哭，求她，我们回去吧。她却执意留下。当昔日的同事，坐在开着空调的咖啡厅里，听着音乐，品着咖啡时，她正顶着烈日，在给梨树施肥除草。渴了，就弯腰到山泉边，捧上一口溪水喝。累了，就和衣躺到草地上，头枕着山风，休息一会儿。

没有一个不说她犯傻的。读了二十多年的书，最后却把那些统统丢弃了，跑到大山里做起山民，这人生过得还有意义吗？

有记者拿了这个问题去采访女孩。女孩没有直接回答，而是带着记者去她的梨园。一路上，野花遍地，女孩边跑边采。时有调皮的小松鼠，从山间蹿出来，女孩冲它招招手。鸟亦多，两年的山里生活，女孩已能叫出不少鸟的名字了。梨花刚开过，青青的果，花苞苞似的，冒出来。女孩轻轻拨开一片叶，让记者看她的梨。女孩说，它们一天一天在长大，将会有好多人吃到它们的甜。

女孩是真心实意地喜欢山里的日子，清静，碧绿，还有鸟叫虫鸣常伴左右。女孩说，在这里，她每天都望见欢喜，觉得很幸福。

女孩的故事让我想起老家的烧饼炉子。摆摊卖烧饼的是个男人，背有些微驼。他把揉好的面摊在案板上，手持一根小棍轻轻压，压成圆圆的一块，再挖一大勺馅加到里面。把它揉圆再摊开，撒上芝麻，贴到烧红的炉子边缘上。旁边等的人会不时关照两句，师傅啊，多放点馅啊。师傅啊，多撒点芝麻啊。他一一答应。

他的烧饼炉子一摆就是四十多年，他靠它把两个女儿送进大学。如今，女儿出息了，一个在北京，一个在深圳，都有房有车，要接他去安享晚年。他去住了两天，住不惯，又跑回来，守着他的烧饼炉子。每天清晨五时，他准时起床，生炉子、和面、做馅。不一会儿，上学的孩子来了，围住他的烧饼炉子，小鸟似的，叽叽喳喳地叫，爷爷，多放点馅啊。爷爷，多撒点芝麻啊。他笑眯眯地应着，好，好。

你看，这一茬又一茬人，是吃着我的烧饼长大的，他呷一口浓茶，望着街上东来西往的人，无比骄傲地说。那只茶杯，紫砂的，也很有些年代了。跟他三十年了，都跟出感情来了，成了他须臾不离的亲密伙伴。

人生到底怎样活着才有意义？我想，遵从内心的召唤，认认真真地活着，让每个日子都看见欢喜，这或许才是它最大的意义所在。

攒钱买骆驼

因要扩建门面，小区门口的一棵银杏树，被伐倒。那棵银杏，有好几百年的历史了。原先是一大户人家的镇宅之树，那户人家后来人丁稀落，宅院没有了，树却留下来。在兴建小区时，这棵树被保护起来，大家出出进进，都会看到它。夏天，它撑着一树的绿，在风里婆娑，万千把小绿扇子在摇。秋天，它通身镶上了金黄，跟发了横财似的。

我的孩子放学归来，一脸痛惜，他问我："妈妈，你看到门口的那棵银杏树被砍了吗？"我说我看到了。他黯然良久，叹息一声："树倒在地上，树真可怜。"

树是可怜。树一不会说话，二不会抗争，也不会逃走。它只能无奈地看着夺它性命的斧头，一下一下，毫不留情地落下。

伐倒的银杏树，很快被拉走。连地上最后一片叶，也被扫净了。扫地的妇人边扫边痛惜地咒骂："这些杀天良的，好好的树，给毁了。"她的痛惜，被风吹走了。小区门口，很快建起了一家美食店，日日人来人往，热闹非凡。谁会记得那里曾经有过一棵银杏树呢？风风雨雨站了几百年。

去一个小城有事，很喜欢路边的梧桐树，棵棵粗壮高大，枝叶繁茂。我由衷地赞叹："这些树真美。"当地司机听到，苦笑一声，说："也仅剩这些棵了。原先，满城都是这样的梧桐树呢，都长上百年了，旧城改造时，被砍啦。"

心痛。我们身边，还有多少树，在消亡中？

去城郊，亲眼见到一个老农，坐在自家即将被拆迁的房子前垂泪。他的身后，是他一砖一瓦垒起来的两层小楼。为垒建这样一幢小楼，他花尽毕生的心血和积蓄。房子落成时，从不喝酒的他，高兴得喝掉满满一碗酒。他说："苦了一辈子，终于有了自己的窝，儿子可以在里面住，孙子可以在里面住，我死了也闭眼了。"

然而城市扩建，他家的小楼，和他家耕种的农田，都在规划区内。大型机械轰隆隆开进他的庄稼地，一片小麦倒下，一片蚕豆倒下。他手上攥一把青青小麦，悲伤地说："麦子都快抽穗了。"

"我种了一辈子的地，没了地，让我做什么呢？"他的眼睛茫然地望向远方。远方，一片建筑连着一片建筑，没有庄稼绿油油。

我想起朋友说的玩笑话。朋友在甘肃，早几年就拿到了驾驶证，一直想买辆私家车。前些日子，我们在网上聊天，我问他："车买了没？"他说："我不买车了，最近沙尘暴肆虐，我和我的同事，都打算买骆驼了。"

我"扑哧"笑了，笑着笑着，我笑不出来了。眼见着我们的绿色越来越少，只怕真有那么一天，我们努力攒钱，不为买房，不为买车，只为买匹骆驼。

第六辑

好时光

宁静,也是有味道的。恰如一树合欢花开,不张不扬,恰到好处。

好时光

一

一下午，也就画了一朵扶桑。

我用彩铅，一点一点给花瓣上色。看它在我手底下，慢慢地鲜妍起来，明丽起来，我的心，也跟着鲜妍和明丽了。

窗户映着新绿。鸟叫声婉转如新荷初生。我不时停下来，看一看窗外，侧耳听一听鸟鸣。一窗清响，分外明晰。

这是好时光。

只要你愿意，每一时，每一刻，都能成为好时光。

人生要一直那么匆忙着做什么呢？一路飞奔，来不及看景，来不及爱人。到头来，或许可以功成名就，可那些名头，到底是虚的。如同镜花水月，看着好看，却取不了暖，慰不了心。回过头来，所经之路，皆成模糊，找不到一点点幸福快乐的影子。这才真叫悲哀呢！

我不要那样，我要的是，握得着的真实。飞跑过一段路后，不妨停下来，歇一歇，问问自己的心，快不快乐。我爱大自然，爱艺术，也爱我自己。

真的，你不必那么忙。偶尔的走慢一点，读一首诗，听一首音乐，画一幅小画，陪光阴闲坐。没什么关系的，天不会掉下来，地球也一样在转着，而你，却可以遇见一个更好的你。

二

翻书，翻到一页，里面赫见一片花瓣，静静躺着。我一眼就认出，是虞美人。

花瓣虽丧失了鲜活，血色变紫，可模样完整，纹路清晰，依稀窥见它当年风华。

我对着它看，很惊奇，又很感慨。我是什么时候摘下它的？又是在何地？是在异乡的路边，还是在我的校园里？

我是一点儿也想不起来了。

毫无疑问，它是春天的。是最鲜活明丽的春天。那个春天，一定有蝴蝶拜访过它。有蜜蜂亲吻过它。有清风吹拂过它。有细雨点洒落在它的唇上。还有夜晚的星辰和月亮，偷窥过它的容颜。还有路过的我。

那时的我，留着短发吗？我有一段时期，把头发剪短了的。人见我，说，像个五四青年。

我又是以何种心态走近它的？我一定怀揣着一兜的阳光和欢喜，——看到花开，我总是很欢喜。

此时此刻，面对这一枚花瓣书签，引发我很多的遐想遐思。有关一个春天的。

人生的好多收藏看似并无意义，可是，当有一天你与它劈面相逢，你知道，它对于你来说，就是你曾灿烂过热爱过的一个明证。你为此，感动得几乎要落泪了。

三

　　天上的月亮亮晶晶的，又像朵白莲花，开在天上。

　　我便又有些贪了，在一条林荫道上，来来回回走。月光铺在上面，很厚很软，我的脚底下，似乎装上了弹簧。

　　环境影响心情，心情也反照着环境的。我和月亮，两两相望，各生欢喜。

　　草木清香。

　　时有虫鸣，喁喁低唱。我很想知道，它们的曲子里，有没有一首是关于今晚的月亮的。一些蛙早就憋不住了，它们不等真正的夏天来临，也不等雨季来临，它们守住一片水域，敲起了战鼓，呱呱呱，呱呱呱，试要跟谁比天下。它们想跟谁比天下呢？

　　我说，你闻，月亮是有味道的。

　　那人便夸张地嗅一嗅鼻子，笑道，是，我也闻到了。

　　这味道像什么呢？我们辨别着。是花的么？是草的么？是叶子的么？是河水的么？空气是那么清冽。风吹着清凉。河里有船，忙碌穿梭，驮着一船灯火。有好一刻，我们挨在一起，站在暗夜里，微笑，不说话。却有芬芳的气息，环绕在我们周围。

　　我突然明白过来，那味道，当属于宁静的。

　　宁静，也是有味道的。恰如一树合欢花开，不张不扬，恰到好处。

低到尘埃的美好

一

家附近，住着一群民工，四川人，瘦小的个头。他们分散在城市的各个角落，搞建筑的有，搞装潢的有，修车修鞋搞搬运的也有。一律的男人，生活单调而辛苦。天黑的时候，他们陆续归来，吃完简单的晚饭，就在小区里转悠。看见谁家小孩，他们会停下来，傻笑着看——他们想自家的孩子了。

就有了孩子来，起先一个，后来两个，三个……那些黑瘦的孩子，睁着晶亮的大眼睛，被他们的民工父亲牵着手，小心地打量着这座城。但孩子到底是孩子，他们很快打消不安，在小区的巷道里，如小马驹似的奔跑起来，快乐地。

一日，我去小区商店买东西，在商店门口发现了那群孩子。他们挤挤攮攮在小店门口，一个孩子掌上摊着硬币，他们很认真地在数，一块，两块，三块……

我以为他们贪嘴，想买零食吃呢，笑笑走开了。等我买好东西出来时，看见他们正围着卖女孩子头花的摊儿，热闹地吵着："要红的，要红的，红的好看！"他们把买来的红头花，递到他们中的女孩子手里。又吵嚷着去买贴画，那是男孩子们玩的，贴在衣上，或是墙上。他们争相比较着哪张贴画好看，人人手里，都多了一份满足。

再见到他们在小巷里奔跑，女孩子们黄而稀少的发上，一律盛开着两朵花，艳艳地晃了人的眼。男孩子们的胸前，则都贴着贴画。他们像群追风的猫，抛洒着一路的快乐。

二

去一家专卖店，看中一条丝巾。浅粉的，缀满流苏，素雅风流。

爱不释手，要买。店主抱歉地说，这条不卖，是留给一个人的。

好奇了。问店主，她买得，我为什么买不得？你可以让她去挑别的嘛。

店主笑了，跟我说起一件稀奇事。说有个女的，是个盲人按摩师，眼睛一点儿也看不见，是先天性的眼疾。可是，她却能摸到颜色。那天，这个女盲人按摩师来到她店里，摸了十件东西，只一件把颜色说错了。

你说奇不奇？店主问我。

我点头，等着她接着说下去。

这个女的，长得也好看。啊，就是看上去让人感觉到特别舒服的那种，乍一看，根本不晓得她是个盲人。她虽穿着简单，但懂得搭配，脖子上系着丝巾，与身上衣服的色彩，浑然一体，都是她自己挑的。

她当时就看中了这条丝巾，说她很喜欢浅粉的颜色。还跟我讨论了，要用淡蓝的风衣来配它。

只是这条丝巾价格贵了些，要七八百呢，她犹豫了下，钱不够，让我给她留着，她下个月来取。

店主叹，这世上，真是各人有各人的生存本领呐。

三

朋友去内蒙古大草原。

九月末的大草原，已一片冬的景象，草枯叶黄。零落的蒙古包，孤零在路边。朋友的脑中，原先一直盘旋着"天苍苍，野茫茫，风吹草低见牛羊"的波澜壮阔，直到面对，他才知，生活，远远不是想象里的诗情画意。

主人好客，热情地把他让进蒙古包中。扑鼻的是呛人的羊膻味，一口大锅里，热气正蒸腾，是白水煮羊肉。怕冷的苍蝇，都聚集到室内来，满蒙古包里乱窜。室内陈设简陋，唯一有点现代气息的，是一台十四英寸电视，很陈旧的样儿了。看不出实际年龄的老夫妻，红黑的脸上，是谦和的笑，不住地给他让座。坐？哪里坐？黑不溜秋的毡毯，就在脚边上。朋友尴尬地笑，实在是落座也难。心底的怜悯，滔滔江水似的，一漫一大片。

却在回眸的刹那，眼睛被一抹红艳艳牵住。屋角边，一件说不出是什么的物什上，插着一束花。居然是束康乃馨，花朵朵朵绽放，艳红艳红的。朋友诧异，这茫茫无际的大草原，这满眼的枯黄衰败之中，哪里来的康乃馨？

主人夫妻笑得幸福而满足，说，孩子送的。孩子在外读大学呢，我们过生日，他们让邮差送了花来。

那一瞬间，朋友的灵魂受到极大震撼，朋友联想到"幸福"这个词。朋友说，幸福哪里有什么标准？每个人有每个人的幸福。

我在朋友的故事里微笑着沉默，我想得更多的是，那些低到尘埃里的美好，它们无处不在。怜悯是对它们的亵渎，而敬畏和感恩，才是对它们最好的礼赞。

我的理想生活

风继续吹着。吹得天上的云,一丝一丝扯开,像淌了一天空的蛋清。

我回老家,看望爸妈。地里的麦子收了。家里养的蚕茧卖了。门前长的格桑花和波斯菊都开好了,蜂飞蝶舞的,我爸妈的脸上,漾着笑容。

屋后的竹林,更显茂密,竹子都快把厨房给淹没了。两只小黄猫,躲在一棵竹子后看我,我蹲下来唤它们,它们犹豫着,要不要来。最后,还是一转身,快速地溜了。

我打量着我的老家,梦想着有一天,我会搬回来住。我将在屋前屋后,全种上花。我还要长各种花树,桂花是一定要长的。蜡梅是一定要长的。再长几树樱花和紫玉兰吧,海棠可以栽上一排。木槿就围着屋子四周栽,做天然的围墙。我还要长桃树、梨树、杏树、枇杷树,开花时我赏花,结果时,我吃一只,鸟吃一只。

我还要开辟一个小菜园,在屋角。种点青菜和韭,种点葱和蒜,再种点芫荽。瓜果的架子,可搭在临近路旁的小沟边,专门长丝瓜和扁豆。这两种菜蔬实在美妙,是可以当作风景来赏的,一个开黄花,一个开紫花,牵牵绕绕,自有一段风流。

我还要开一条甬道,一直通到屋后的河边。甬道上,铺鹅卵石。一天天,那缝隙里,会冒出绿绿的草,或是茸茸的苔花。这样最好了。甬道旁，让蒲公英和小野菊们来安家。河边的柳树下，放几张石椅，天气晴好的时候，我就坐在那儿看看书，看看花，看看水，看看鱼，听听鸟叫。

或许有人来看我，或许没有。有人来看我，我就领他去看我种的花、我长的树、我种的蔬菜瓜果，采两把花送他，摘点果子他尝。临了，在河边石凳上坐坐，听他说说外面的事情。也只微笑着听，不大插话。外面世界的追逐纷争，与我毫无关系了。——倘没人来看我，也不关紧，我也很忙呢，那么多的花草要照料，要欣赏。

我很老了。是的，是个老太太了。但我希望，我的眼神还如少女一般清澈明亮。还能为一朵花开而惊喜欢呼，还能为风吹皱一河的水而心驰神往。我养一只小猫，叫"小欢"。养一只小狗，叫"小喜"。村子里有热闹的时候，我带着我的小欢和小喜，也去凑热闹。村子里的小孩看见我这个老太太，都会欢喜地扑过来。因为，我家有个大花园，是他们的乐园。因为，他们玩的东西，我都会玩，且比他们玩得还要好。他们没听过的故事，我都会讲，惹得他们追着我，请求道，奶奶，再讲一个故事，再讲一个故事好不好。

对了，我还会在河边柳树下，教他们念念唐诗宋词，念着念着，我睡着了。他们好听的童音，像鸟的歌声一般清澈，飘落在我的梦里面。

嘤嘤草虫

初秋进山,有个大大的好处是,你的耳朵可以饕餮一回,尽情地享用虫鸣。

别处也是有虫鸣的,可远没有山里的声势浩大气势磅礴。夜晚你在山路上散着步,你身子轻盈,仿佛是被虫鸣声抬着走的。远远近近那些隐隐的山峰,也好像被虫鸣声抬起来了。人说虫鸣如雨,你觉得它如潮水呢,一浪逐着一浪,能行大船。

这里当然没有大船。水是有的,山泉潺潺,也有池塘倒映着半座青绿的山峰。这是南京老山地段,有大大小小山峰近百座。进山的路真不大好找,白天我在外面绕了好几大圈,才找到里面来。问负责全省作文竞赛相关事宜的彩萍,怎么想到把会议安排到这里来的?彩萍大睁着绿豆子一般清秀的眼睛,认真对我说,你不知道,这里的虫子叫得有多好听。

久居城里的彩萍,成日价在高楼与高楼之间穿梭,鲜少听到虫叫。她一脚踏进这初秋的山里,如同一个久未吃到糖果的孩子,一下子掉进糖果缸里,眉眼里,尽是慌张的喜悦。

慌张?对的。排山倒海的虫鸣,真叫人慌张呢。这里唧唧,那里曤曤、吱吱,吹拉弹唱,无一技法不用尽。我很想辨别都是些什么虫子在叫,结果徒劳。它们个个都是主角,争相展喉,你的声音缠绕着我的,哪里分得清谁是谁？偶也有几个唱走了调的，从动听的和声里窜了出来，尖利、突兀，它们并不自知，也没有人笑话它们，它们就只管唱下去，兴高采烈的。在山里，每一只虫子都有歌唱的权利，它想怎么唱就怎么唱，只要它高兴，它可以从早唱到晚，再来个通宵达旦。谁管得着？

真是自由！

我很羡慕了，真想参与进去，做它们中的一分子，尽情地放开喉咙乱唱一气。小时候，我也是个喜欢唱歌的孩子，学校排练文艺节目时，我主动要求唱歌，结果张口才唱两句，就被老师嫌弃。老师说，快别唱了，不好听。从此，我再不好意思在人跟前张口。虫子们介意过自己的歌声好听不好听吗？虫子们定然没有。它们一定奇怪人的复杂想法，歌唱是生命的天性呢，哪里有好听不好听之说？

顺应天性的，便都是合理的、美的，这是山里的虫子们告诉我的。

我终于哼唱起来，从轻轻的，到大声的。没有一只虫子笑话我，它们的叫声反而更热烈了，仿佛应和我。浓郁的夜色，被我们的歌唱戳出一个一个微笑的梨涡。巨大的热闹，又是巨大的宁静！我想起《诗经》里的《草虫》篇，首一句就是"喓喓草虫，趯趯阜螽"，那些喓喓而鸣欢腾跳跃的草虫，与我跟前的这一些，唱的是同一首歌谣吗？这世间，千百年来的活法如同一辙，纵使有艰辛万千，却从不缺少欣欣生机。

生活的迷人之处

生活中有些小创意，确实有趣。比如，在鸡蛋壳里养花。

长小多肉最好。一个鸡蛋壳里，正好可以养上一粒小多肉。肉肉的小植物，实在能把人的心萌化了。

吃剩的水果核，丢到土里，也都能长出一盆绿来。发芽的马铃薯，埋到花盆里吧，过些日子，你就能欣赏到马铃薯的花，不比兰花差。吃红薯的时候，我想起来，要留一半长着玩。结果，半块红薯，硬是给我长出一大盆的藤蔓，牵牵绕绕，自成风景。

我还在花盆里种过花生、黄豆，看它们冒出芽芽，一点一点长成，特有成就感。

矿泉水的空瓶子，拦腰剪成两半，一半长胡萝卜，一半养绿萝。可用绳子穿起来，我高兴挂床头就挂床头，高兴挂书房门上，就挂书房门上，看着养眼养心。

去海边玩，捡回几个海螺贝壳。在里面长花，也好。最好是长太阳花。这花命贱，沾点土就能成活，我顶喜欢长它。随便掐一段，插进去。不几天，也就生根了。不几天，也就开花了。刚好一朵红。贝壳驮着那朵红，像是欢欢喜喜地去赴宴会。

洗衣液用完，那瓶子我不舍得扔。修修剪剪，可插一束小野花。好看得仿佛它本就应该做个花器。也可做笔筒。我不嫌麻烦，给它做了个小布兜，兜住，摆书桌上。有多少笔都可以插进去，它的容量实在大。有种拙朴的天真。看着这个笔筒，我很想多买些笔回来，多写些字。

今日出行，在小河边，捡了个坛子回来。它半埋在泥土里，上面有青草蔓生。是谁家的腌菜坛子，不用了，把它当垃圾扔了。我眼尖，觉得青草下面有宝。我挖了一手的泥，也是顾不得的。捧着它回家，挺乐的。

洗洗涮涮，它变干净了，褐色的釉面，闪闪发光，实在是很可爱的一个坛子。我没想好拿它做什么。我可以在里面长葱。或者，长长铜钱草。或者，养几枝荷花。要不，装装零食亦可。生活让人迷恋之处，多半是因为有这些小乐趣在，无须花费太多，就能获得。

老家的小河

午后,我携一本书,到屋后的河边去。

我是喝着这条河的河水长大的。一个村庄的孩子,都是喝着这条河的河水长大的。一河两岸的喜怒伤悲,都曾在这条河里奔流。打水漂的快乐,扎猛子的欢腾,摸鱼摸虾的喧闹,东家娶媳妇,西家嫁女,诸多的家长里短,也都融入到这条河里。也有溺水的孩子,和投河自尽的妇人。它收藏了村庄太多的悲欢离合。

没有人恨过这条河。悲痛过后,我们依然深爱着它。

春天我们去上学,沿着这条河走,一边走,一边掐柳枝、摘野花,编成一个花环,戴头上。冬天,我们到这条河边的草丛里,寻鸟蛋。那是小麻雀们下的蛋。偶尔遇到冻僵的小蛇,我们用树枝拨弄它,怎么拨弄它也不会醒。

现在,河边不大有人走动了。树木杂草,都蓬头垢面地长着。有树,整个身子完全倾斜到河里,一副思慕水的模样。有的树还光秃着,但绿意已然显现,茸茸的,柔软着。

野花开得好极了。最多的要数蒲公英。这花真是好看,艳黄,比菜花更艳。小小的一棵,擎着那么三四朵小黄花,灿烂着,周围枯败的草,也被它们衬得好看了。我蹲下来,轻轻碰碰它们,跟它们问问好。

也有我忘掉名字的野花。或红或紫。我怎么想，也想不起它们叫什么了。我就给它们另取个名字，叫小红，叫小紫。好记。它们也不反对。

废弃的腌菜坛子，睡在草丛里，四周生着新绿。那坛子看上去，有了艺术的光芒。

枯朽的老树桩，身上绣满了绿。一两棵细嫩的小草，在上面跳芭蕾。

邻居家养的小白狗，跟过来。我来家这几天，它跟我混得很熟了。饭时，我趁我妈不注意，挑几块肉给它吃，它一定是记着了我给它肉吃的这份好。于是我走到哪儿，它就跟到哪儿。狗是最记恩情的小东西。

我爬到一棵树上去。嗯，那棵树，其实根本不用爬，它直接横着生长了，一大半身子，探到河里。像横着放的长板凳。我坐上去，小白狗看着很羡慕，但它爬不上来，它只在下面冲着我摇尾巴。我冲它得意笑，哈，你终究比不过我们人类有本事吧？它似乎很羞愧，蹲下。蹲久了，干脆趴下来，做打盹状。

我随手翻几页书，看两行字。然后，合上书，听鸟叫。鸟鸣声像雨粒子，四面八方下着，敲打着黄花绿草，树枝细叶。

河里，斑驳着两岸的房屋、树木，油画一般的，很寂静。见不到人。

我待在这样的画里面，无思无欲，一直待到鸟雀归巢方归。沐了半天的自然浴，我周身的每一个毛孔，都散发着清新好闻的味道。

那些温暖的……

邻家女人上街买菜,"捡"回一个老妇人。老妇人衣着整洁,不像久经流浪或无家可归的,却神情呆滞。在街上见到邻家女人,就一直跟她后面叫小毛。小毛是谁无人知晓,或许是老妇人的女儿吧。

邻家女人本想一走了之,篮子里一蓬菜蔬,提醒她快快回家做饭去。回头,却瞅见一张饱经风霜的脸,那脸上毫不设防地写着对他人的依恋。她的心当下软了软,想,要是她不管,老妇人不定流落到什么地方去呢。于是,她把老妇人领回了家。

老妇人这一住,就是半个多月。这期间,邻家女人像对自家老人一样,好茶好饭待她,还带她去浴室洗澡。一边满世界留心着,哪里有寻人的。老妇人除了说小毛小毛外,不记得任何人和事。有人跟邻家女人开玩笑:"你还要为她养老送终啊?"邻家女人说:"真的那样,也无所谓啊,不过是煮饭时,多放一碗水。"不久后的一天,老妇人的女儿终于找来,对邻家女人千恩万谢。邻家女人不在意地笑着说:"匀出一口饭,就能救活一条命呐。"

晚上,去国贸大厦旁的广场散步,总看到一群快乐的人,随着音乐在空地起舞。每天都是如此。音乐的来源,原是一台旧收音机。后来换了,换成了簇新的 DVD 机,在一辆自行车上架着。观察过几次,发现自行车的主人,是一对老夫妇。

跳舞的人是不固定的,谁高兴了都可以进去跳两圈。不断有人加进去。起初也只是一些老年人,后来一些年轻人也参与进去了。快乐在音乐中沸腾,单纯地飞扬着。

某天,我在一旁观看,终于忍不住走过去问那对老夫妇:"是免费来这儿放音乐的么?"他们说:"是啊,每晚七点准时到。"

"瞧,这都是我们新买的碟片,买的新华书店的正版的,效果很好呢。"老妇人举着新买的碟片让我看,我看到碟片上印着飘飞的裙裾,是些慢三或慢四,全是舞曲。

我开玩笑说:"可以适当收点费的呀。"老妇人笑了:"收什么费呀,自己找乐子呗,看着大家高兴,我们也高兴。"

听了挺感动的,这世上,只要匀出自己的一份快乐,就会快乐很多人。

小城里,蹬三轮车的人比较多,满大街随便走着,就有车夫跟后面殷勤地问:"要车不?"我曾烦过这个,觉得他们特缠人。近日却偶听来一个真实的故事,说一群三轮车夫,自发地去照顾着一个老人。老人曾经生活得很不错,他育有两个儿子,都成家立业了。正在他安度晚年的时候,一场车祸,把他抛进无尽的深渊。老人的两个儿子双双遇难,所得赔偿金,老人分文未要,全都给了媳妇。媳妇很快改嫁,孑然一身的老人,只好蹬三轮车谋生。但因年老体衰,加上三天两头生病,养活自己也难。这些踏三轮车的,三天两头给他送吃的用的,照顾生病的他,从不间断。

这是生活在社会最底层的人,他们普通得常常被我们忽略,可是这个世界,却因他们身上散发出的善意和温暖,一点一点美好起来。再走在大街上,我的眼睛,总是有意无意停在一些三轮车夫身上,是他,还是另一个他,在默默匀出自己的温暖,送给那个老人?他们的脸上,没有答案。他们一如既往,为生存奔波着,路过你身边时,还会殷殷地问:"要车不?"眨眼间,他们的身影,没入人群里。

生命的神奇

一

去年四月,我把开过花的风信子,埋到楼下的一排黄芽树下。

偶尔,会想起我家的风信子。跑去看,没有一丁点踪影,似乎这块泥土,从未曾接纳过它来住。倒是野生野长的一年蓬、蒲公英、荠菜和泽漆,一个赛一个精力旺盛年富力强。还是没有风信子的消息。我想,它怕是早就化作泥土了。

一个夏天过去了。一个秋天过去了。冬来,先捎来一场雪。雪后,那人回来,惊且喜道,你知道吗,我在楼下发现了什么?!

我并不在意。他常如此大惊小怪的,看见什么花开了,看见什么叶红了,遇到小猫小狗了,他都要当作特大喜讯回来告诉我。我继续做我的事,一边随口说道,是蜡梅开了吧?

不是。你头想破了也想不到的,是我家的风信子,冒出芽来了!他快乐得像个孩子。

真正意外。意外极了!我未及换衣,穿着睡衣就冲下楼去,一口气跑到那排黄芽树下,仔细察看,果真啊,一颗小芽儿,像粒小绿虫子似的,羞羞怯怯的,探出颗小脑袋来。确定,它就是我的风信子,复活了的风信子。

此后日日去看，看它一点点长大，看它抽出一片叶儿，两片叶儿，三片叶儿，四片叶儿，直到抽出五片叶儿时，我挑了一只漂亮的花盆，把它请回家。

这会儿，它安好在我书房的窗台上，生机勃勃。阳光倾倒在它的身上，泄泄融融。

生命的神奇，在植物身上最叫人不可思议。想它衰老了、枯萎了，在泥土下长长睡了一个夏，一个秋，又被冬天的雪唤醒。要是人也能如此，每个长眠于地下的人，都会在某一个清晨醒来，那该有多好。

也许，他们以另一种方式醒过来了。比如说，长成一棵风信子的样子。

二

看到了神奇的金星伴月。

弯弯的一枚月，如眉。我知道这比喻很俗，然却是最贴切的。天空原也是有眉毛有眼睛的，月是眉毛，在它旁边伴着的那颗小星星，就是亮闪闪的眼睛了。它们俯瞰着大地上的一切，笑眯眯的，不着一言。

我走过一座桥，举目望去，惊住了。天空不着一物，只有一颗星，伴着一弯月。

我在那里看了很久，觉得满天空都灌满笑声，清澈的，清脆的。身边有人走过，有车经过。我很想叫住那些人，看啊，看看天呀。

他们不看，他们埋头走路。我有点替他们可惜，以为他们白白错过了好景致。然复而又想，他们也沐着这样的月光，他们已融入其中，成为这美好中的一分子。看与不看，也不打紧了。

这个时候，应该找久石让的《天空之城》来听。我也就听了。吉他版的最应眼前景，简洁，空旷，激荡，又带着忧伤，是什么触碰了灵魂。吹着风的天空之城啊，有花丛绕着。蓝白。榴红。云峰。山谷。树张着巨大的洞。等着谁呢？来了，园丁。身上长满草的园丁，肩上开着小花，粉红的，糯白的。来了，小王子。小王子的肩头上，歇着两只小鸟。小鸟快乐地嬉戏着。黑色的石头，红色的石头，铺满四周。

小王子说，假如你喜欢某个行星上的一朵花，在夜晚仰望星空的时候心情就会很愉快，感觉所有的行星都开满了花。

开在天空之城的花朵，万物共生。

生命之树，一直生长到那黑里头去，红里头去。

每个人心中都有一个属于自己的天空之城吧，一个可以生长灵魂的地方，自由，清纯，快乐，无所不为。

阳光，阳光

阳光从窗台外倾泻过来，倾泻在一盆水仙花上。花半开，花瓣儿有些像婴儿的肌肤，嫩得透明。阳光梳理着它的每一条纹理，它的蕊，被太阳的温暖泡软，朝着阳光，一点一点张开。鹅黄的，溢满香。有阳光照着，花是幸福的。有花开着，人是幸福的。

这是年后，与年前的雨雪天气截然相反，天天艳阳天。阳光成桶成桶地泼下来，取之不竭的样子。人家屋顶上的积雪，消融得快，眼见着一堆堆白雪，变成水，变成蒸气，又回到天上。世间万物，原是无所谓消亡的，不是以这种形式存在，就是以那种形式存在。

路上行人渐多，南来北往，红尘滚滚。风雪阻隔了回家的路，只有阳光的手掌，才能把受伤的路，与受伤的心，一起抚平。我听到隔壁老妇人欢快的声音，老头子，儿子来电话了，儿子说，今天回家。

替他们欢喜。有团聚，便有了天伦之乐，这是暮色人生里，最大的企盼与幸福罢。

阳光继续泼洒下来。半开的水仙花，一眨眼的工夫，竟全部盛开了。诗里写水仙"翠带拖云舞，金卮照雪斟"，又"袜小凌波稳，杯斜带露倾"，真是十分十分形象。它的花朵，恰似一只精致的小酒盏，斟雪合宜，斟露合宜，斟阳光更是合宜。这会儿，一朵一朵的"酒盏"里，盛满阳光。我微笑着想，若我也是一朵花，该怎样绽放着才好？我定也以完全融入的姿势，融入到这场阳光里。

想起一个我叫舅奶奶的老人来。老人是我家的远房亲戚，命运多舛，年轻时守寡，好不容易拉扯大唯一的儿子，本指望老来有个依靠的，儿子却突然得了绝症。她眼睁睁看着活生生的儿子，一日一日衰竭，最终离她而去。

她的命苦啊，亲戚们都这样感叹。

新年里，父亲着我去看她。我到她家时，老人正在阳光下晒被子，她慈善地望着我笑，面容平和，不见岁月的波澜。她在阳光下展开一床被子，被子上立即跳满松软的阳光。她的手轻轻摩挲着被子上的阳光，半眯起眼，爱惜地叹，多好的阳光啊。

世间纵有万般苦千般难，只要有这样的阳光在，也便有了活着的明亮。

下午三四点，阳光依旧好。我出门，拐个弯上街，去报亭买份晚报。路过街角，我看到一辆三轮车停在那里，车夫正熟睡在他的车子里。他半蜷着身子，头倚靠着车后座，大捧的阳光，铺在他身上，他睡得很香。阳光下，他沉睡的样子，像个毫不设防的孩子。或许他也有辛苦无计数，可那会儿，他把他，还有他的车，完完全全交给了阳光。

冬　趣

一

冬趣之一，当是闻香。

闻蜡梅的香。

宜在静夜。

这个时候，一切的芜杂，都被黑夜收了。黑夜像什么呢？像一匹光滑柔软的黑缎子，就那么无边无际地罩下来。蜡梅的香，如潮水般涌起，一浪叠过一浪。如果你仔细听，似乎还听到它的呼啸之声。这样的呼啸，并不让人恐慌，反倒是楚楚动人的。

我晚归，走过小区的两棵蜡梅旁，它们的香，莽莽撞撞奔过来，把我撞得愣了一愣。夜凉，越发衬出那香的醇厚，仿佛搅拌搅拌，就可以拿它蒸馒头和蒸发糕了。

偏偏又甜。甜得销魂蚀骨，柔肠百结。真叫人受不了！

静夜无尘。看过去，一切的坚硬，都被蜡梅的香，泡得酥软了骨头。

一只猫，蹲在草地的台阶上，盯着蜡梅树发呆。我看它很久，它也没动。我走过去，弯腰想跟它打个招呼。猫不提防，竟被我吓了一跳，跳起来，"喵"一声，迅速跑进暗里头去了。

唐人齐己有"风递幽香出，禽窥素艳来"之诗句流传。一样的静夜，一样的梅树，花开幽幽，他遇着的是一只窥素艳的鸟。千年之后，我遇着的是一只闻香的猫。

二

又是一个好天。

好天，这个词真是妙。如同好人，让人一见，有拥抱的冲动。

好天里，家家晒衣晒被子。老人们干脆搬把椅子，坐太阳底下，把自己给晾上了，一晾就是老半天。这样的好天，是老天爷的恩赐。

我写一会儿字，看一会儿阳光下的花们。时光是香的。

午后，给小窝来了一场清洁。我喜欢把房间打扫得干干净净。花盆上，有尘土。地板上、床上，有尘土。书橱上，有尘土。我一一擦拭，让它们面目清洁。

当有人把时间浪费在无端的猜忌、嫉妒和郁闷中时，我多想对他说，回家去吧，回家清理一下你的家，给自己一个明亮的居室，你的心灵也会变得洁净美好起来的。

晚上，出门去散步，闻见香。蜡梅之香，甜得可人。又望见一个大月亮。这几天，万物都见瘦了，唯独它，越发地丰盈起来。谁在供养它呢？是云么？是星星？是霜？是雪？不可思。唯不可思，人生才有意思吧。

这样的天，我是乐意多走些路的，身体轻盈。心若无碍，身体自会轻盈的吧。

邂逅两个场景，很是有趣：

之一，一男人边走边打电话。电话接通，那边传来女人的声音。男人问，你带了家门的钥匙吗？女人回，带了呀。男人高兴地说，哎呀，带了呀，我还以为你没带呢，正愁着怎么办呢，带了好，带了好。我今天不能去接你回家了，刚刚任强来喊我，叫我跟他一起去洗个澡。我们不是好些天没见了么，我就答应了。对不起啊，今天让你一个人回家。听不清那边女人回了啥，男人又嘀嘀咕咕说了很多的"对不起"，又关照女人，天冷，你回家时要把围巾围好了，手套戴好了。你不是带了个护膝么，不要怕麻烦，也穿上。

我在他后面慢慢走着，听着，忍不住微笑。他们是一对多么平凡，又是一对多么有爱的夫与妇啊。

之二，两个女人走过我身边，边走边聊，聊的是准备年货的事。一个女人说，我今天炸了两篮子鱼丸子，你要点儿不？另一个女人说，不要不要，我也准备炸点儿。你炸这么多做什么？这个女人就说，不是我吃的，是给儿子备着的，让他回来后好带走，放冰箱里，做饭时，往汤锅里搁几个，又简便又好吃。那个说，也是，也是。我家那个喜欢吃竹笋烧肉皮，我给他备了许多竹笋和肉皮。这个就说，里面若再搁点小肉圆和木耳，再用骨头汤烧，味道才叫一个鲜呢。

听到这里，我恨不得立马飞奔回家，照她们说的方子，烧上一大锅的竹笋烧肉皮来。

凡尘里的活，多么温暖可亲，一烟一火，都是爱啊。

捡得一颗欢喜心

一

我在院门前的花池里长花。花不长，草长。还不止一种草，多种，叫得出名叫不出名的，它们齐齐跑来我的花池里约会。嫩绿的，浅绿的，绛红的，米黄的，不一而足。真让我吃惊，原来，草也可以姹紫嫣红，这般华彩的。这很像一些不起眼的人，你以为他是庸常的，可以忽略不计的，你瞧他不起。等某天，你意外走近了看，他也有妻有子，勤劳努力，幽默爽朗，在他自己的日子里，活得五彩缤纷。

草继续生长，蓬蓬勃勃。我由起初的赏花，变成了赏草，时不时站花池跟前看看它们，意外捡得一颗欢喜心。感谢草！它们不因我的疏忽或是轻慢，而轻视自己一点点，它们寸土必争争取着活的权利。

看着它们，我总要想起这样的诗句来："青青河边草，绵绵思远道。"诗里的草，是想念远方，还是流落到远方了？你得相信，草也有相思的。无人居住的院落，草守在那里，密密地长，是密密的思念。直到人重新归来，它才退回它的角落。

路过我家门前的人，几次三番好心提醒我："看，你家花池里的草，都长这么高了，快拔掉啊。"我笑笑，不置可否。心里说的是，这天赐的欢喜，我怎么舍得拔！我还等着它们开花的。

二

晚上，和朋友约好，一起去咖啡厅喝茶。

我先去咖啡厅里等。要一杯白开水，在淡如轻烟的音乐里，慢慢饮。

五楼的位置，在小城不算高，亦不算低。从窗户望下去，有俯瞰的意思了，街道的霓虹灯，还有店铺的辉煌，尽收眼底。

月亮升起来，很大很圆的月亮，在人家的楼顶上晃。天空变得很矮很低，仿佛只要我一伸手，就能够到。我让服务员关了我近旁的灯，这样，月光就可以走进来。

我泡在月光里，一杯白开水喝完，再续一杯。朋友还没来。电话里她万分抱歉地说，临时有事耽搁，来不了了。

真是无趣得很。我站起身，准备走。却在无意中一低头时，被惊呆了，我看见桌上我喝水的杯子里，盛着一个明晃晃的月亮，皎洁清新，水波潋滟。

意外的欢喜，一下子击中我。我重新坐下来，这晚，我和一杯月亮对饮。

三

连续几个晚上，我去河边空地上跑步，都会遇到一对老人。老先生人高马大，年轻时一定魁梧得不得了。老妇人瘦小清秀，年轻时说不定是个美人。

起初我没在意，以为他们是出来兜风的。他们也真的像是兜风的，老先生骑一辆带斗的三轮车，上面坐着老妇人。一路的车铃铛丁零零，那是老先生故意弄出的声响，跟老顽童似的。让人联想到欢腾的浪花，跳跃的小雨点。

　　空地的边缘，有个小广场，他们把车停在广场边。我跑远，再回头，就看见了让我难忘的一幕：广场的青砖地上，老先生在前，哈着高大的腰，朝着老妇人伸出双手，身子慢慢往后退着，嘴里不停地鼓励着："好，好，再走两步。好，好，你走得太好了！"隔着两步远的距离，老妇人拄着拐，佝偻着腰，蹒跚着向着老先生走去，一步三挪地，像个学步的娃娃。她的腰弯得真厉害，让人担心她就要趴到地上去。

　　不难想象，老妇人是遭遇不幸了，中风，或是车祸。这样的不幸，却照见他的心：不怕不怕，有我在，你可以重新再活一回。

　　待了一会儿，他们走了，依旧是一路的车铃铛丁零零。像欢腾的浪花，像跳跃的小雨点。

　　我在他们的相依里，看不到伤悲，只看到欢喜。

雪粉华，舞梨花

一

雪是七点零五分到来的。

那会儿，我正在跑步。慢跑。天冷，体育场的跑道上，人不多。只有两个男人在边走边聊天，他们用帽子围巾，把头裹得严严实实。我一边听音乐，一边，跑着跑着，出汗了。

挨着围墙边，长着一排白杨树。四季的更替，在它们身上最为鲜明。秋天的时候，跑道上铺着厚厚一层它们的落叶，踩上去，嘎嘣嘎嘣的，如嚼薯片。冬天，它们集体光了身子，裸露筋骨，经脉扩张着，跟顽强的斗士似的，不知要跟谁斗。就在我又一次仰望它们的时候，有东西打到树枝上，打到我脸上，发出剥剥之声。下雪了！

雪落有声，且是这么大声的！北宋诗人王禹偁说"冬宜密雪，有碎玉声"，原来，真是如此啊。

我看了一下时间，七点零五分。本来要回家的，因这雪，我又在操场上多走了两圈。我任它啄着我的发我的脸，看它在灯光下急速飞舞，像一群喧嚷的小虫子。

眼花缭乱。

下雪了，快回家么！两个男人冲我叫道。他们叫完，急急地走了。

我笑着回，好的，谢谢，就回了。然并没有即刻回去，我想等着看那"雪粉华，舞梨花，再不见烟村四五家"之景象。

我又陪雪走了很久。雪渐渐变大，真有了舞梨花之姿。远处的人家，渐渐没在雪里头。

二

雪在窗外下着的时候，我很想跑出去，在雪地里走走。

想雪跋涉了多少的山，多少的水，才到达我这里。

雪轻飘飘的，绵无力。因着这般，才更惹人怜的吧。柔弱的人，永远比强势的人讨人喜。柔弱，是最不具有攻击性的，然又能克刚。

何况，它还那么洁白。它独占着那一份白，雪白的白。天地万物，都臣服在它的脚下，无一不显露出纯洁、友好的一面来。即便是衰败和腐朽，它也有本事把它们装扮得，如诗如画。

没有一个季节，像冬天这么表里如一。它只钟情于一种颜色，雪白。我们说冬天，必说是雪白的冬天。冬天的爱情，给了雪。冬天因它的爱情，变得纯洁。

童话故事，都应该发生在冬天才是。公主和王子的城堡，应该是用雪堆出来的。

雪一片一片落下时，是冷的，无声的，凋落的。可是，当它们被一双小手，轻轻拢在一起相互取暖时，它们就有了生命了。我看见雪人，端坐在一棵栾树下，想着自己的心思。有孩子摘下他的帽子，给它戴上，它看上去，更像个怀揣着无数心思的人了。

我很想给这个雪人写一封信。

我也很想给那个摘下帽子的孩子写一封信。

在这个世上，拥有一颗纯洁的心，多么珍贵。

走在星空下

看到一天空的星星了。如灶膛里的火星子，蹦蹦跳跳的。

我欢呼起来，看，星星啊。

我爸看一眼，表现得很淡定，这没什么的，我们这里天天晚上有的。

我的孩子为了配合我的欢呼，出来望一眼，说，冷。又钻进屋内去了。

我爸说，回屋吧，外面冷。那人也在屋内叫，别再冻着了，不然你的牙又要疼了。

我答，哦。脚却没动弹，这满满一天空的星星，有点让我舍不得。

我索性沿着门前的大路，慢慢向东走去。我走过同峰家的门口了。他娶媳妇的时候，我还是个小孩子，为没在夜里等来新娘子而沮丧了很久。如今，那曾经做过新娘子的人，已长眠于地下。他们的孩子的孩子，都念小学了。

我走过朝宇家的门口了。我曾和他家的大儿子打过一架。为什么打架呢？忘了。大抵是为了争抢一些柴草，或是为了夺取一个玻璃球。小孩子之间，常为了芝麻小事发生"战争"，根本就是笑谈，可当时，是顶认真的。他抓破了我的脸，我咬了他的胳膊。他如今做了漆匠，常年在外，赚着好钱（我妈说，漆匠的工钱可贵啦）。我们有一次遇见过，他也见老了，笑着喊我"梅"。而朝宇，已于前年病故了。

我走过尚轩家的门口了。那是当年我们村最富裕的人家，我们喝玉米稀饭的时候，他们家能喝上大米粥。原因是，尚轩是整个村唯一的木匠。他靠着手艺，赚着大米。我和我姐出嫁时，那嫁妆，就是他帮着打的。他是什么时候走的？我一点也没印象了。他好像走了很多年了。他的儿子继承了他的手艺。

我走过福林家的门口了。他家生了七个女儿，被村里人戏称"七仙女"。"七仙女"中有两个被人抱养，音信隔绝。另五个中，有一个脑子反应很不灵光，被村里人说成是呆子。但嫁人后却生了个聪明儿子，考上名牌大学，一时传为奇谈。大姑娘招了个上门女婿，一家人不和睦，常打得鸡飞狗跳的。我每次回家，我爸都要跟我说说他们家的新闻。前些年，福林中风了。过一年，走了。我走过他们家门口时，注意看了看，屋子里没有灯光，门口蹲着一个草垛子。一只狗，突然从后面蹿出来，吠了两声，看我没恶意，它又退回去了。

我走过一片桑树地。又走过一片小麦田。然后，再走到油菜地。星星们一路跟着我，我很满意它们跟着。

天空很矮，就在一棵泡桐树的上头，似乎爬到那棵树的树顶，就可以够着了。然它又很高，我走到那棵树的下面，再仰头看时，天空已隔得遥遥的了。只有星星们在对我眨眼睛。星星的睫毛一定很长吧？

我祖父祖母的坟，就葬在那些星星的下面。我对着他们的墓地，望了一会儿。祖母说过，天上一颗星，地上一个人。属于她的那颗星星，不在天上了。它落到地上来，在她的坟头上，长出了荠菜和野萝卜。